向上突围

公周 著

民主与建设出版社
·北京·

图书在版编目（CIP）数据

向上突围 / 公周著 . —北京：民主与建设出版社，
2022.3

ISBN 978-7-5139-3768-9

Ⅰ.①向… Ⅱ.①公… Ⅲ.①成功心理 – 通俗读物
Ⅳ.① B848.4-49

中国版本图书馆 CIP 数据核字（2022）第 038694 号

向上突围
XIANGSHANG TUWEI

著　　者	公　周	
责任编辑	周佩芳	
封面设计	末末美书	
出版发行	民主与建设出版社有限责任公司	
电　　话	（010）59417747　59419778	
社　　址	北京市海淀区西三环中路 10 号望海楼 E 座 7 层	
邮　　编	100142	
印　　刷	天津光之彩印刷有限公司	
版　　次	2022 年 4 月第 1 版	
印　　次	2022 年 4 月第 1 次印刷	
开　　本	880 毫米 ×1230 毫米　　1/32	
印　　张	7.5	
字　　数	163 千字	
书　　号	ISBN 978-7-5139-3768-9	
定　　价	49.80 元	

注：如有印、装质量问题，请与出版社联系。

献给我的母亲和引路人马女士

目 录
contents

第五章　成为可靠的人，立于不败之地

第 一 章

学会高情商沟通，
获得关键机会

人人都会说话，但不是每个人都能够把话说得恰到好处。只有把话说得恰到好处的人，面对诸多场合和情形，才会应对从容，让人际关系变得和谐有序，让做事效率变得更高，更好地实现自我价值。

被人夸，这样回应才得体

我刚到北京时，单位公房旁边有个小菜店，店主是河北人，一家三口。店主家的小姑娘五六岁的样子，圆脸，大眼睛，梳俩马尾，很招人喜欢。我去买菜，顺口夸她"小姑娘真漂亮"，她就高兴得不行，笑嘻嘻地露出两排小白牙，蹦蹦跳跳多塞个圆茄子、西红柿之类的到我的购物袋里。她爸在旁边故意黑着脸，她也不在乎，一溜烟又跑出去了。

爱美是女孩的天性。这么小的孩子，也知道受人夸奖的好滋味。而且，面对别人的夸奖，她的回应真诚、自然，毫无伪装，带给世界更多几分的温暖和欢乐。

然而随着年龄增长、阅历增加，人性日渐复杂，利益开始纠葛，大家讲着言不由衷的恭维话，同时又提防着别人虚情背后的假意。

同学夸你考试考得好，你低着眉赶紧摆手："只是偶尔运气好！"因为你生怕人家嫉妒，也担心大家说你骄傲。

同事说你能力强、水平高，你赶紧打个哈哈："哪有哪有，不给大家拖后腿就谢天谢地啦！"因为你知道，职场竞争涉及切身利益，稍有嘚瑟就可能被人暗算，然后死得很惨。

领导说："小王，你这篇稿子写得不错，几条建议提得很有新意。"你诚惶诚恐，赶紧摸摸后脑勺赔笑："主要是您的思想，我只是负责记录整理了一下。后面那几条不成熟，您多批评！"其实你也没摸透领导的真实意思，先铺垫这几句心里才踏实。

这些场景估计大家都遇到过，回应得低声下气，却也没啥大毛病。但如果"谦虚"过了头、功利心太强，就有点惹人烦了。

我在原单位工作时，有个下面借调过来的小伙子W，人很精干，眼手嘴都很快。刚一接触时，大家对他的印象都很好。时间稍微长一点，大家发现他有点"夸奖过敏"。不管是有意夸奖，还是无心之语，他总能一下子"警觉"起来，左推右挡半天，有时候连说这话头的人，都让他整蒙了。讲几个我记得起来的例子。

W自己到北京来，老婆孩子不在身边，领导比较关心他。早上吃饭，大家在食堂坐了一圈，领导亲切地问："小W，家人最近都还好吧？到北京来这么辛苦，家人也照顾不到。"

　　W一听，赶忙放下筷子，很认真地说："谢谢领导关心，都还好。我这算得了什么呀，咱们这里张三、李四、王五都是两地分居好几年了，他们每天加班加点、特别辛苦，我看到以后很感动、很受教育。您把咱们局氛围带得这么好……"

　　听完W的第一句回应，大家都觉得很正常，也很妥帖，后边越听就越不对劲了。

　　领导只是表示一下关心，你说你这么激动干啥呢？

　　再者说，那三个小伙子刚来没多久，跟你借调帮忙肯定也不是一个概念，你提这茬儿，明面上是夸奖他们比你更懂奉献，实际上暗含局里解决两地分居不够及时呗？

　　最后这句更无厘头了……

　　领导微笑着没说话，大家也都不吭声，几秒钟之后就换话题了。

　　W写字蛮漂亮，有一回我到他办公室去，无意中看他的办公桌上有本翻开的日历书，上面随手写了几个备忘记录，几点开会、几点报件之类的。字写得很潇洒，确实挺养眼。于是随口跟他说："小W你可以啊，字是不是练过，挺漂亮的。"

　　W赶紧说："哎呀，哥你见笑啦，我这字跟螃蟹爬的似的，哪好意思入您的法眼呀！"一边说着，一边伸手就把日历书拿起来，合上，像是有点"自嫌"似的往桌上一丢。

其实我写字不太好，所以对写字漂亮的人多一分好感。可W这一推、一合、一扔，搞得我兴味索然，也有点尴尬，只好说两句别的就撤了。

可没想到，W还是不"放过"我。

过了几天，我都快忘了这茬儿了。W跑到我办公室去，也依葫芦画瓢，有意无意拿起我桌上的便笺纸，口吐莲花地夸了一分多钟。从那以后，我是不敢招惹这哥们儿了。

局里年轻人搞读书会，完事儿坐在一起闲聊几句。大家随口说起学历"鄙视链"的话题。

W是长江沿岸某著名高校的校友，按理说江湖地位蛮高的。虽然大家明面上没夸他怎样，实际上是很认可的。要不然，也不会当着他的面聊这些事儿。

可等他接过话茬，画风立马不对了。别人都护着自己的母校，他倒好，直接变身"专业黑"，什么生源质量不好啊，学术影响力下降啊，管理混乱啊，比大家的母校差太多啊，他说了半天，一下子把大家的兴致都搞黄了。

旁边一哥们儿忍不住说他："小W你太谦虚了。大家都互黑呢，就你这自黑……"大家都笑了，不约而同起身散场。

W在我们单位干了一年，工作成绩还是很不错的，可总感觉跟大家有些隔膜。领导犹豫了半天，他能力挺强，完全符合留下再干一年的条件。他自己也很有留下的愿望。

不过最后他还是回去了。反倒是另外一个不太爱说话的年轻人坚持了两年多，最后通过考试直接调过来了。

我们到底应该如何回应别人的夸奖呢？简单来说有三个大原则。

一是真诚。无论夸人，还是回应被人夸，虚情假意迟早会被看穿。讲话也是有信誉的，如果信誉破产，你的话将一文不值，大家对你的评价也会大打折扣。特别是有的人，当面赞不绝口，背后另有一套，这种口蜜腹剑的做法是为人大忌。有不少年轻人很聪明、能力很强，但就是在这方面栽了跟头，再想爬起来，可就难了。

虽然成人的世界是复杂的，但真诚一定是原则，技巧才是例外。而且，技巧那么多，真不建议大家轻易说假话、装样子。只有这样，你才能在做人上真正有修为。

二是辨别。从真诚度上来说，当然还要区分真心实意的夸奖、虚情假意的夸奖、笑里藏刀的夸奖。从力度上来说，有郑重其事的夸奖，比如上司在会上专门表扬你；有鼓励性质的夸奖，比如领导关心 W 两地分居问题；有随口一提的夸奖，比如我夸 W 写字漂亮；有似是而非的夸奖，比如你从家附近买盆小绿植摆在桌上，对桌同事夸你会买东西，貌似是夸你，实际上是在夸绿植。要想正确回应，最重要的还是做好区分。

一般来说，对真诚的夸奖，只要不是太离谱，都可以适度接受，必要时略作谦虚表态即可，这对对方也是很舒服的反馈。

对偏离现实的夸奖，客气地予以拒绝，表情稍微认真一点讲"您过奖啦"或者"没有吧"即可，讲完就翻篇，不要过多解释或纠缠。

对表面夸奖，暗含讽刺、调侃、否定意味的，建议选择无视或幽默回应。比如对方说："哎呀，小王你还加班呢，下回提拔干部，领导肯定忘不了你。"这话一听就酸溜溜地带着情绪，你可以这么说："哎呀，王哥，你这么关心我，下回真帮我到领导那里美言几句啊。"绵里藏针，效果错不了。

这里还要强调一点——适度。其实也是要根据对方夸奖的真诚度和力度进行区分，不要小题大做，像W那样；也不要大题小做，人家给你很高的评价，你不当回事儿，毫不客气地照单全收了。

三是换位。有时候，别人对你的评价，是对自身境遇的一种情绪释放。比如，你们两个人同时到单位工作，关系一直非常好。你升了职，他还要再等等。这时候，他向你表示祝贺，并且夸你确实非常出色、当之无愧。这些话绝对是真心实意的，但他内心同时很可能是有些波澜的。

这时候，你要回应的重点就不在这几句夸奖上，而在于对他的真诚关心。你可能就要找个机会跟他实实在在地聊一聊，帮他分析形势，提点建议，再想想办法。

此外，在别人夸你的时候，你要及时联想到他的自身情况，千万不要得意忘形，以免伤了人家的感情。

举个最直白的例子，比如你新婚大喜，同事送上红包，并羡慕地夸你们小两口感情好、很幸福，其实他自己可能感情问题很不顺利，甚至刚刚失恋不久。

这时候，你既不能喜笑颜开、跟老婆秀恩爱，也不能虚情假意地说"哎呀，凑合过呗"，更不能假装热心地说"嘿，哥们儿甭着急，回头我帮你介绍几个见面谈谈"，你应该说声谢谢，然后紧紧握住他的手，甚至来个男人间的拥抱，或拍拍他的肩膀。

这样做人，朋友才会越来越多。

这样赞美，才能让人接受

有段时间，我到新单位短期工作，结识了不少新朋友。有个小伙子很有意思，见面先问我是哪所大学毕业的。我如实回答。谁知话音未落，小伙子就开始激动地赞颂起来：

"哎呀，×大是985、百年名校，真厉害！"

"你们学校也评上'双一流'大学了呢！"

"我们老家那边，考上×大可不容易，连续几年录取分数线都仅次于清华、北大。"

"你们×大校友厉害。社会精英人物里面都有好几位呢！"

我一听，不仅没有感到被恭维的愉悦，反而好气又好笑。为什么？倒不是因为我思想觉悟高，不喜欢被戴高帽子，实在是因为这位老兄不会讲话，更不会夸人，他的夸赞处处是硬伤，堪称"车祸现场"。

我的母校这些年日渐没落，负面新闻缠身，母校在这个小伙子的家乡连续两年招生断档，根本谈不上什么"录取分数线都仅次于清华、北大"。

你说，这样的夸赞，我能高兴得起来吗？

其实，这个小伙子完全是出于善意，希望通过夸赞拉近彼此之间的距离、搞好关系。可实际效果却适得其反。我想，这可能是不少年轻人都会遇到的问题，因此今天就与大家一起分享一下"夸人的艺术"。

"夸人"本来不是坏事

我在职场这些年，见过不少新手，总是一副傲然不可侵犯的样子，特别是对上司，总感觉端着架子、隔着一层。上司开个玩笑，他面无表情；上司安排工作，他默不作声；上司带队外出团建搞活动，他坐车、走路、吃饭都躲得远远的，实在躲不过去，打个哈哈，勉强应付一下，搞得上司心里还打鼓："这小伙子，是不是对我有啥看法？"

有一次闲聊，我特意问了问："小王，你工作压力大，还是最近遇到了什么烦心事儿？"小王一愣："没有啊，大家都很照顾我，工作很愉快。"

"那为什么在上司面前总是板着个脸呢？"

小王更诧异了："这从何说起？我见了上司很小心的，只是不希望大家觉得我谄媚、拍马屁而已。"

原来如此！名校毕业的小王，自然爱惜自己的"羽毛"，生怕自己变成职场的"马屁精"。

听到这里，我只好笑而不语。显然，这位小兄弟被"马屁"两个字的恶名吓怕了，对沟通技巧和职场生存完全懵懂无知，实在让人感到既可叹又可惜。

不要忘了，谁都希望得到认可，这是万年不变的人性。

小孩学走路，你给他鼓掌喝彩，他就会走得更远、更起劲；妈妈在家做饭，你夸一句好吃，她的辛劳顿时消除大半；坐高铁，想跟邻座交个朋友，上来先问人家是哪儿的，人家回答山东的，你说："嘿，山东的，我最喜欢跟山东人交朋友，爽快！"

到菜市场买菜砍价，你不能说"嘿，大姐，你这菜都不新鲜了，给我便宜点儿吧"，小心大姐削你。"嘿，大姐，你这菜比别家新鲜，以后我就买你家的菜了，长期客户给便宜点儿？"这么说话，大姐指定给你打折。

可见，生活中的"马屁"简直随处可见。恭维别人跟"节操"没什么关系，反倒能体现出一个人的情商和沟通技巧。我们常说某人"会说话"，其实准确地说，是人家"会夸人"。借用著名演员贾玲的一句台词："爱夸人的姑娘，运气不会差！"

为啥大家讨厌"拍马屁"

当然，之所以"马屁"这个词变成贬义词，恐怕是有些缘由的。

史书记载，南宋奸相韩侂胄新修了一座气势恢宏的庄园。一天他带着手下来到山庄，环顾四周后随口说："可惜听不见鸡鸣狗吠之声。"大家继续向前游览，走着走着，突然听到一声声公鸡打鸣，又有狗吠声不绝于耳。韩侂胄大喜，最后才发现是赵师睪躲在草丛中，撅着屁股模仿鸡鸣狗吠，韩侂胄捧腹大笑。从此韩侂胄对赵师睪另眼相看，不久就提拔其为工部侍郎。

这个故事流传开来，大家对无底线逢迎上级、博取功名，把"廉耻"二字抛在脑后的做法，当然是深恶痛绝。

但仔细想想，赵师睪这种做法，早已经远远超出了交往法则、沟通技巧的层面。赵师睪给韩侂胄提供的，也绝非什么寻常意义的"认可"，而是卑躬屈膝的奴相和自轻自贱的恶搞。严格来说，这根本不叫"拍马屁"或者恭维人，而是一种人格出卖、人身依附。

在当今职场，想靠这种路子往上爬，早已经不可能了。有这样想法的年轻人，应趁早悬崖勒马，否则丢了人格、毁了前途，竹篮打水一场空。

应该怎么赞美

其实，夸人，需要先天悟性和后天锻炼，需要经验技巧的总结。不少职场新人在夸人时夸成了"车祸现场"，主要原因就是欠缺这些积累。

前文已经说过，"拍马屁"实际上是一个被污名化的概念。我们不鼓励大家"拍马屁"，但鼓励大家学会"夸人"。

我总结，"夸人"要遵循四个字的口诀，即"诚、准、恰、慎"。

其一，"诚"。有人可能会想，真实想法藏在我心里，口蜜腹剑你怎么知道？实则不然。职场生存，每个人都没有秘密可言。你的真实想法，一定会在经意和不经意间流露出来。你的处心积虑，不过是别人眼中的拙劣表演。所以，宁可不夸人，也不要言不由衷、伪善做作。如果我确实不喜欢上司，可又不得不夸怎么办？很简单，任何人都有闪光点，即便是再讨厌对方，他身上也有可取之处。你要做的就是善于发现、真诚表达。仅此而已。

其二，"准"。只有一片真心还不够，还要有精确提炼和表达的能力。比如，明明对方的工作能力很强、效率很高，在短时间内就能把所有任务都完成得很出色，你就不要夸赞对方吃苦耐劳、全身心扑在工作上。这种夸奖，既没有抓住重点，又存在一定的风险。比如人家工作做得很好，业余时间攻读在职学位或者做一些个人的事情，你的夸奖可能就会引起对方的警惕。本来的好意，如果被当作"敲打"和"暗示"，反而疏远了双方的距离，岂不尴尬？除此之外，在夸人之前，信息也要掌握准确。

其三，"恰"。它有两层含义。一方面，夸奖要适度，过犹不及。比如，这个人在单位范围内很优秀，不代表在上级单位视野内也很优秀，更不意味着在年轻人群体中有典型意义。因此在夸奖时，聊聊几句、点到为止即可，切忌大张旗鼓、大肆渲染。过度的赞美，在对方看来一定是不真诚的，甚至可能会引发反感。另一方面，夸奖要符合身份。下级不能随意公开夸赞上级，特别是当着上级的面。平级可以夸赞平级，但只能夸细节，不能进行总体性的评价。上级可以夸赞下级，但如果现场有多位下级，要注意顾及其他人的感受。

其四，"慎"。它也有两层含义。一方面，夸奖的次数和力度要控制，夸奖好比一顶顶帽子，送得出去、收不回来，如果把零售搞成批发，帽子只能贬值，实际意义也会大幅缩水。另一方面，职场人际关系比较复杂，选择夸奖对象、夸奖内容和夸奖时机都要慎重，避免触及敏感人物以及敏感事项，切不要让自己轻易卷入风波和纷争之中。

如何运用说话中的关系

有一次，我带几个学弟学妹做研讨活动。结束后，剩下两位女生——S和W，S的男友Z来接她。S对Z说："正好到饭点儿了，咱们仨一起吃顿饭。"Z顺着话茬对W说道："哦，你要跟我们一起吃饭呀。"

这句话其实是大家常说的"口水话"，重复别人的话，并进行确认。从Z的语气和表情看，显然是欢迎W和他们一起吃饭的。但W只是微笑了一下，没接茬。

Z可能还没意识到问题，于是我故意对Z开玩笑："这话说得……其实是你有幸跟两位美女吃饭哦。"

听我讲完，大家都笑了。

我们常听人夸："这人会说话、会聊天。"抱着好奇的心态专门去听听，又觉得平淡无奇，没什么大不了的。再仔细咂摸几遍，可能就有了感悟。"会说话"不是话说得精彩漂亮、惊世骇俗，也不是故弄玄虚、煽情催泪，而是体现在一字一句的细节上。今天我们要讲的关键词是"你"和"我"。

灵活拿捏"你"和"我"的界限，是有效沟通中的恒久命题。

如本章开头的例子，男生Z说：

A."你要跟我们一起吃饭呀。"

B."很荣幸与两位美女一起吃饭哦！"

哪种表达会让W听起来更顺耳，为什么呢？

"你""我"之分体现为看似矛盾、实则统一的两个侧面。

一方面是"我"的扩张，即把原本不那么亲密的沟通对象，纳入"自己人"的范畴，站在两个人共同的角度谈论问题。

举一个例子：坐高铁出门，邻座乘客衣着考究、器宇不凡，你想攀谈认识一下。这时候你一般会说："您好，您也是从青岛上车的吗？听口音咱是老乡啊？"如果对方也有攀谈的意向，这时就会接茬了："对啊，太有缘分了，出门靠老乡。你是青岛哪里的？"大家注意，这里的"咱"字，实际上把两个陌生人凝合在了一起，这就为双方消除距离感、相互形成信任感奠定了基础。

另一方面是"你"的退缩，即面对咄咄逼人、超越应有界限的"我"，你不是选择据理力争、维护权利，而是退避三舍，甚至卑躬屈膝。

一个典型的小故事：某老太坚信WiFi对自己刚刚出生的孙子有辐射危害，结果挨家挨户强令整个单元的所有住户关闭了WiFi，甚至还要随机到他人家中抽查。结果几十户居民，虽然大多数人并不认同WiFi有害的观点，同时也对老太的跋扈非常反感，但最终还是选择了委曲求全。记者去采访时，不少人的回答惊人地一致："何必跟老人斤斤计较？"

前面说理稍显冗长了，接下来是干货：我们究竟该如何拿捏沟通交流中"你"和"我"的尺度？

其一，以退为进。双方交流，涉及第三方时，如果我与第三方更亲近，那我要退后30公里安营扎寨，从而把亲近的机会留给对方。例如我与我的表弟对话，提到我母亲时，应该说"你大姨怎样"，而不是"我妈怎样"。反过来，我与叔叔对话，提到我爷爷，应该说"我爷爷怎样"，而不是"你爸爸怎样"。为什么？因为叔叔与爷爷是父子关系，当然比我亲近。这时说"我爷爷"，实际上也拉近了我与叔叔的感情距离。这种沟通技巧的本质，还是"我"的扩张，暗示对方与我之间存在的情感联系，从而更容易达成有效沟通。

本章开头提到的例子，你现在明白了吗？

其二，站稳立场。这里说的站稳立场不是去拉帮结派。但在一致"对外"的时候，站稳立场就变得极为重要了。比如为了团队的业绩，为了集体的荣誉，就不能含糊其辞。

所以，年轻人讲话一定要记住一点：危急关头千万不能卖弄清高，顾忌自己那点儿形象气度；该表明立场的时候，不能犹犹豫豫。坚定忠诚者永远比三心二意者值得尊重。

其三，推功揽过。在职场中，最考验人的就是两个"成"：大功告成、功败垂成。前者容易让人飘飘然，贪天功为己有；后者容易让人畏畏然，对责任承担望而却步。实际上，这些功过得失都完全不足以决定你的前途命运。真正重要的是你的态度，而你的态度，首先体现在一字一句之间。聪明的员工，在成绩面前会大谈"我们团队"，在失败面前会诚恳剖析"我做错了什么"。聪明的领导，在成绩面前会说："××部门，你们真棒；××和××，你真棒！"在失败面前会说："咱们公司遇到这次教训……"

在职场之外、日常生活中，这一道理同样适用。夸人的话，一定要"精准释放"，潜台词都是"你"怎样；相对负面的内容，一定要"大而化之"，潜台词都是"你们"，甚至"咱们"怎样。

其四，找准定位。表达是否恰当，要放在特定的人物关系中去衡量。同样一句话，通过两张嘴说出来的效果却大相径庭。所以，在语言中把握"你""我"的界限，首先要在身份关系上找准定位。工作关系，牵扯个人生活事务时务必慎重；上下级关系，不可轻易逾越"安全距离"；陌生人之间，不管是吹捧业绩还是表达不满，点到即止，不可拖泥带水。我见到过不少职场年轻人，乍一看很精明干练，印象中觉得人情练达，可在接触几次后，发现多数人都存在尺度把握上的缺点。例如，有人"自来熟"，到单位没几天，无论什么事情都想掺和两句，话虽然是好话、没什么毛病，但从他的嘴巴里说出来就会让人感觉不舒服；还有人恰恰相反，是个"榆木头"，别人把话都递到嘴边了，他死活就是听不懂、不会续着说，让递话的人尴尬、周围的人着急。

以上四点，在任何时候、任何层面的沟通中都具有参考价值。如果有人对你说："说人话！"这显然意味着你的语言表达出现了严重障碍。这时你该怎么做？别急着喷回去，仔细想想本章内容，或许就有了清晰的答案。

说话抓住关键点，事情办得又快又好

公元前266年开始，大秦军团加快了东进步伐，引起诸侯恐慌。以魏国为盟主的东方六国达成友好互助条约，说好了一方有难，五方支援，团结起来打退野心狼——秦国。想得很简单，落实起来却很难，大家各怀心思。

魏国当了盟主，赵国首先表示不服气。这是一统江湖的好机会啊，凭什么让给你？当年韩、赵、魏三家灭智瑶，要不是我死守孤城，策动联合，你们能有裂土封侯的机会？盟主应该是我！

有个叫虞卿的人给赵王出主意："魏国之所以能当盟主，关键是任用范座为相国。要不咱们拿一座方圆百里、居民万户的城池去贿赂魏王，换范座一颗人头。范座一死，魏国无人可用，这盟主宝座自然就是咱们家的了。"

赵王一听，心动了，催促使者赶紧去办。

赵国使者见到魏王，献上地图，把条件一讲，魏王一拍大腿，高兴坏了，马上传令把范座抓起来，扔到了监狱里。

范座惨啊，一秒钟之前是万人景仰、生杀予夺的相国，一秒钟以后就成了生死未卜的囚犯。范座还是有水平的，充分利用了魏王短暂的犹豫期，在狱中写了两封信，演示了教科书般的求生操作。

他写给魏王的第一封信，内容要点如下：

第一，百里之城换我的人头，实在是好生意，我真为大王您高兴。

第二，好事是好事，我就是担心您被赵王那个阴险歹毒之人欺骗，到时候百里之城没拿到，我脑袋搬家又不能复原，岂不让天下人说三道四？影响不好啊。

第三，既然要拿我换城池，不如先别杀我，直接拿活的去换，交易顺利的话随便赵国怎么处置我，交易不顺利的话我再回来伺候您。

第二封信他写给了大名鼎鼎的信陵君无忌公子，要点也非常清楚：

第一，范座我完全是无辜的。

第二，赵王为什么要拿土地做诱饵，让魏王杀我呢？因为我为魏国效力，得罪了赵国。

第三，我死了不要紧，无人可用时，魏王只能再请您出山，到时候赵王故伎重演，再拿城池来换您的人头怎么办呢？

信陵君一听，吓出一身冷汗，马上去找魏王说情。魏王之前看了范座的信，内心已经有些犹豫了，这时候信陵君加一把火，他恍然大悟，马上放了人。

就这样，范座靠两封信保住了一条命。

现在知道为什么六个打不过一个了吗？

三个和尚都没水喝了，六个和尚凑到一起，必然是狗咬狗，一嘴毛。

比如，赵王也不想想，一寸秦国的土地都没攻克，就想着争夺盟主的位子，有什么用？这不是自挖墙脚吗？把范座处死，魏王就会乖乖把盟主的位子让出来了？范座都知道还有信陵君在背后，死了一个张屠夫，就不吃带毛猪？靠使阴招杀掉魏国宰相，人家醒悟后，能服你当盟主？其他人怎么看？

再说魏王，刚才也讲过了，正常人谁能干这事儿？范座给你忠心耿耿出力，大敌当前，关键岗位的得力干将，还不如一座小城池重要？无缘无故杀了范座，谁还给你卖命？再说，赵国给你的口头承诺，能信吗？如果对方不兑现，你还要为这点儿事去讨伐？你已经是盟主了，最起码要有个盟主的样子吧？上司愚蠢，手下人也好不到哪里去。

比如，赵王手下的虞卿，肯定是个愚蠢的奸臣。事实证明，他的馊主意不仅没有得逞，反而破坏了赵魏互信，导致六国合纵还没成型就出现了裂痕。

魏王的亲弟弟信陵君呢？也聪明不到哪儿去。这么简单的事情，还要范座给你写信才出手？别人是"打工"的，公司垮了大不了换一家。你信陵君可是正经王室，整个大魏都是你们家的产业，眼看着哥哥胡闹，你不出面说句公道话？

说来说去，这么多人，只有范座算是有智慧的。

人在家中坐，祸从天上来。从宰相到死囚，范座不慌不乱，从容地动脑筋、想办法，成功化险为夷。

真要没有智慧的话，摊上这种事马上就会不知所措，或者到处求爷爷告奶奶了。

范座给我们留下的最宝贵的东西，还是两封信中蕴含的沟通表达技巧。

其一，瞄准关键人。

生死关头，十万火急，如果你进错了庙，拜错了神仙，就只能白白丢掉性命。我们常说大局观，这时候最需要看清局势，找准关键人。

第一个关键人，肯定是魏王。他是一国主宰，生杀大权都在手上，也是他受人蛊惑，将范座下狱的。解铃还需系铃人，不管找谁，最终都要落脚到他这里。

所以，范座写给魏王的第一封信，入情入理，不卑不亢，把利害关系讲得头头是道，主动跳到魏王的战壕里去说事儿，有效地消除了魏王的对抗情绪，拉近了彼此之间的关系。同时，他还给了魏王顺坡下驴的机会，把魏王的愚蠢无情悄悄地遮盖起来，把君臣矛盾改换为魏国与赵国之间的博弈，可以说是用意至深。

第二个关键人，只能是公子无忌。首先，他是魏王的亲弟弟，说话分量最重，江山是否稳固，与他的利益关系又最深；其次，他还是著名的贤明公子，脸皮薄，容易劝，三言两语就能说通；最后，他与范座的处境最为接近，利益攸关。

其二，去情绪化。

假如范座的这两封信，只是打感情牌，只是对魏王哭诉自己这些年鞍前马后多么辛苦，工作多么不容易，自己无罪被抓多么委屈，牢狱之灾多么惨痛，生活状况多么糟糕，全家老小怎么以泪洗面……对信陵君哭诉双方同为朝臣，这些年相互帮衬，自己曾经在哪些事情上给予过对方坚定的支持和无私的帮助，如今自己蒙受不白之冤、危在旦夕，怎能不伸出援手、拉兄弟一把呢？

如果这样讲话，范座肯定已经脑袋搬家了。

魏王渴望城池和子民，杀了你一个，后面还会有无数人挤破头来当这个宰相，干部素质虽然差了点儿，但何愁无人可用？

信陵君为你说话，万一触怒了魏王，自己吃不了还要兜着走，哪能为了私人感情，就为你冒这么大的风险？

所以范座的两封信，没有一字哭诉、怨愤，只讲利害关系，不讲个人恩怨，因此具有强大的说服力。

其三，抓住痛点。

魏王的痛点在哪里？就是城池。

范座一上来就恭喜魏王，赞美他的思路正确，轻重抉择非常明智。范座的性命，哪能比百里之城重要？作为下属，我为大王肝脑涂地都在所不惜，拿脑袋换座城池简直就是我的荣幸啊。

接下来，还是讲城池，但角度一转，开始替魏王操心，如果城池拿不到怎么办？为了防止这种情况发生，我给魏王出个主意，您看这样行不行：先别杀我，把我直接送给赵国，事成我死了也值；事情不成我还算个把柄，您去讲理也好说话。这样行不行？简直是无懈可击。

信陵君的痛点在哪里？自己的名位。

这事儿明明十分荒唐，为什么他不吭声？就是怕得罪了魏王，吃不了兜着走。万一影响到自己的荣华富贵和名誉地位，他打死都不干啊。

所以，给信陵君的信其实就是"前车之鉴"四个字。今天魏王用这个办法杀了我，明天他会不会把矛头对准你？今天你不替我说话，将来谁替你说话？魏王拿下属的人头去换城池，如果尝到了甜头，这种事情就难以停止了吧？总有一天会轮到你头上吧？信陵君你现在站出来说话，不是为了我范座，而是为了自己的前途与身家性命啊。

　　痛点找到了，道理说透了，事情自然就迎刃而解。会讲话，就是能有这种神奇的效果。

"交浅而言深" 真的不行吗

两千多年前的战国时代，也没有什么高考、科举制一类的概念，年轻人读点书，就到各个国家乱窜，类似于赶场面试。

在战国时代，只要你有谋略，能说会道，让有地位的人看中，那就能彻底改变命运了。

但是也有个问题，大家都口若悬河，胸脯拍得啪啪响，可岗位有限，君王见多了这帮吹牛的人，也审美疲劳了，很难轻易被忽悠。

后面这几公里排队的人，只能再动脑筋。

这天，赵王心情不太好，面试了几个人，都像是上过培训班，张嘴就是套路，前半句还没说完，就知道他后半句想说什么。赵王听到一半就实在忍不住了，直接用大棒子将他们赶了出去。

"下一位！"负责叫号的扯着人嗓子喊。

这个考生叫冯忌，眼看计时员都招手了，他既不吭声，也不正经坐着，傻站着欲言又止。

赵王觉得很奇怪，这个人难道这么愚蠢吗？不耐烦地问他到底是什么情况。

冯忌嘿嘿一笑，说：我先给你讲个故事。孔夫子有位高徒，名叫宓子。一天，宓子的朋友推荐一个人来与他结识，两人见面后，这位朋友问宓子："先生，这个人表现如何？"

宓子摇摇头说："你推荐的这个人，不怎么样，至少有三个问题：其一，瞅着我就笑，一副不恭敬的模样；其二，也不知道叫声'老师'，不尊重我啊；其三，刚见面就夸夸其谈，是不是太过自负了？"

朋友一听，很不服气，马上为这个人辩解说："看着您笑，那说明亲近。整天被叫老师都听烦了，您还计较这个？要说'交浅言深'，凭啥就不行呢？当年尧帝在地里干活，第一次见到舜，两人在地头桑树底下聊了半天，尧就决定禅让帝位给舜了。伊尹就是一个厨子，背着大铁锅去见商汤，好多人还不知道他叫什么呢，就位列三公，成为商王最信赖的人。要是因为头次见面就不敢说话，这两个人怎么会有那么大的人生成就？"

冯忌的故事讲到这里，赵王已经听入迷了，一拍大腿："哎呀，你可以啊。"

冯忌顺杆就爬："哎呀，您看咱们也是第一次见面，我也准备'交浅而言深'一把，您看行吗？"

赵王恭恭敬敬地说："请您教我。"

冯忌来面试，上来就讲故事，其实用意就在"交浅而言深"这句话上。

我冯某人到你这里来讨口饭吃，虽然没什么名气，但是呢，我可是见识广博，有追比圣贤的道德操守，还有伊尹这样的名臣风范，不要小瞧我。

……

最后，咱们虽然是第一次见面，但我接下来说的话，都是出于对您的尊重、信任和敬仰，跟那帮夸夸其谈的人完全不是一码事啊。

这段开场白，是冯忌面试成功的关键。既制造悬念，引起了赵王的兴趣，又给自己狠狠地铺垫了一把，为切入正题做好了准备。

那么，是不是这些话就成了真理，鼓励大家见谁都夸夸其谈呢？

当然不是。你看，冯忌和他举的两个例子（舜帝见尧帝、伊尹见商汤），本质上都是穷小子去找领导面试，简直如出一辙。

面试有什么特点？在最短的时间内，最大限度地展现才华，以获得对方的认可。

在这种场合下，成王败寇只在一念之间。你有本事，要能表现出来，这才有可能获得机会取得成就。

两千多年过去了，这个道理在今天仍然适用。

当然，年轻人要谨言慎行，不要把欲望挂在脸上，不要出口伤人，不要任性妄为，不要轻易对人抱怨或谈论是非，这些都是前人总结出来的血的经验，绝对值得大家学习。

但必须强调，谨言慎行也要把握尺度和场合，并不是让你做木头人，唯唯诺诺，大气都不敢喘。不能把自己的能力发挥出来，哪还有年轻人的半点儿朝气？哪还谈得上前途？

我的建议是，日常待人接物要谦和恭顺，尽可能结善缘、避恩怨，为自己的快速发展营造一个良好的环境。但在关键时刻，一定不要舌头硬腿软，而是要像冯忌那样，善说敢说、展现才华、体现担当、释放能量，不放过任何一鸣惊人的机会。

比如，职责范围内的事情，一定要心中有数，上司和同事随时问起，随时都能做到对答如流。

比如，上司关心的重点工作，单位发展的长远问题，就算不在你的职责范围内，你也要有所思考，有所积累，关键时刻能讲出一二三，展现个人的能力素养。

再比如，上司谈心、座谈交流、演讲比赛、大会发言、年终总结等，但凡有表达机会，一定不要轻视，无论有没有一把手参加，都要积极准备，争取展现出最好的状态，得体、谦和又不同凡响。优秀年轻人的口碑，其实就是这么一点点树立起来的。

什么时候该牢牢记住"交浅而言深"的教训呢？

很简单，涉及他人是非的时候。

长辈常常教训晚辈，不要背后议论别人，不要说长道短，免得被人知道后结个死敌。

当然有的人往往管不住自己的嘴，难免要议论别人，那么什么时候、对什么人发表议论，那就是门学问了。"交浅而言深"这句话，就用在这里。

比如在生意场上，你不能保证哪一天可能因为利益而产生冲突。就算对方人品可靠，也不能保证你说的话不被传播出去，即使你只是觉得你说的话好玩。

再比如，在工作、培训、出差等场合，接触单位内熟人或其他部门和单位的年轻人，大家聊得热火朝天，你不小心就把本单位的情况和盘托出。你单位业绩怎么样，"嘻，实话说吧，我们单位的业绩啊……"

我敢保证，你培训班还没结束呢，这种话已经传得满世界都知道了。

说到这里，可以小结一下了。

"交浅而言深"，到底是良药，还是毒药，需要分场合、分对象。

有两点务必记住：

第一，遇到展示自我才华和能力的机会，不要怯场，不要错过；第二，负面的传言、指摘、评论，个人并不光彩和冲动的想法，逞口舌之快的话，一般不要轻易说出口。

给管理层提意见的三个关键

公元前322年，齐威王把一块叫作"薛"的地封给了王室宗亲、主要管理人员田婴。田婴熬了一辈子，当牛做马、出生入死，为齐国称雄做出了重要贡献，得个养老的地也在情理之中。

有了房子，总要装修一下，田婴就琢磨着修修城墙，搞搞绿化，把安防报警系统升级一下，这样妻妾儿孙、金银财宝在里面，自己心里比较踏实一点儿。

明明是很简单的一个事情，可提意见的人却踩破了门槛。有人说："您好，国家还很困难，您大修楼堂馆所，不合适呀。"有人说："隔壁领导也分了地，可也没装修呀？"还有人说："搞装修是重大事项，请示报告了没有？不讲规矩怎么行。"

田婴很烦，下了命令，这帮乱提意见的门客一个都不要放进来。越是这样，越有人想说服他。

有个人迎难而上，到门口求见，说："领导，我只说三个字，多一个字你都把我煎了。行不行呢？"

田婴心想，还真有不怕死的，来呗。

这个人进来就说："海大鱼。"说完转身就走。

田婴以为自己听错了，赶紧叫住他："你说什么呢，欺负我老了耳朵不好？"

这个人故意卖关子："我可不敢拿死开玩笑。"

田婴的好奇心被勾起来了，马上说："你少来这一套，赶紧说，我提前免你的罪！"

这个人慢条斯理，清了清嗓子："您没听说海里有大鱼吗？这条鱼超级大！钩钩不上来，网拉不上来，简直是巨无霸！可是呢，被海浪推到岸上，马上变怂了，蚂蚁随便啃咬，毫无还手之力。齐国好比大海，您就好比这条大鱼。要想保全自己，关键是留在大海里。齐国不出问题，您也安然无恙。如果齐国出了问题，您把封地的城墙垒到天上，不也没用吗？"

这番话把田婴说服了，他马上停止了装修工作。

不得不说，这个门客虽然连名字都没留下来，但确实是有一定水平的。

先说技巧层面，他明知田婴对这个事情很烦，耳朵都磨出茧子了，并且已经下了逐客令，那怎么才能吸引其注意力，把话说进他耳朵里呢？

这个人用了一招——故弄玄虚。

我就说三个字，拿命担保不浪费你的时间。田婴的好奇心马上来了，到底是哪三个字，值得拿命担保？虽然能猜到还是说装修这个事儿，但总要看看这小子耍的什么把戏，反正听一下也没什么坏处。

这就上套了。一个套还不行，如果说出的这三个字平淡无奇，很可能田婴大手一挥就让人把他拖出去煎了。所以还得加一个套：海大鱼。

完全摸不着头脑！我搞装修，你说什么海啊鱼啊，完全不相干。再说，我吃过各种鱼，可就是没听过有什么"海大鱼"！赶紧说说，要不然我跟你没完！这就把田婴的兴致完全调动起来了。

这时候可不能松劲，如果说不出像样的东西，田婴的希望越大，失望也越大，你也死得越惨。

所以，这个人又用了第二招——故事隐喻。

大道理让人烦透了，一个字也不想听。但故事可以，通俗、好玩，听着不累。

然后这个人就凭空编造了个海里有大鱼的故事。为什么要讲这个题材呢？原因很简单，齐国靠海，东、南、北三面都是海，田婴从小就靠海吃海，对这个题材最熟悉、最亲切。海里的各种鱼被浪推到岸上，晒成鱼干的情况天天见，很容易理解，也容易引起共鸣。

接下来就开始说道理了。您好比这条大鱼，在海中翻腾，为所欲为，应该始终以海为家。如果太看重这块封地，相当于自降格局和身价了，小水洼哪能容得下您呢？

这个说理，我给满分。因为他不声不响地用了第三招，也是说服人最关键的绝招——先捧后劝。

人性使然，你想否定他，想让他改变主意，那就要注意运用技巧和策略。

比如，一个妈妈带孩子闯红灯，你要劝她遵守交通规则。如果生硬地给她讲规则，她肯定不听，说不定还会吐你一脸口水。聪明人会先夸她："您女儿真漂亮可爱，上几年级了？咦，好像是红灯呢，小朋友，我们在旁边等一下好不好？"

给上司提意见，方法上可能更要注意了。比如这位门客就说得恰到好处。他把齐国比作大海，把田婴比作海里一条巨无霸大鱼，充分体现了田婴的地位和影响力，虽然不直接夸赞，但田婴听着不难受。然后悄悄地站在大鱼的角度，说整个齐国都是田婴的舞台，岂能止于一块小小的封地？田婴把道理听进去了。这就是说服的艺术。

从这位名不见经传的门客身上，我们至少学到三点沟通和说服的法则。

其一，说话接地气。

很多人在处理工作的时候，第一关就卡在这里。遇到事情，胸中无策，先摆道理。这样别人能听进去吗？也许给你个面子，不至于把你扫地出门，但问题肯定也解决不了。甚至，你大道理讲得越多，别人的火气越大，马上给你举出十个反例："凭什么某家就不按规矩办？你是不是看我好欺负？"抓住你道理中的漏洞，把你怼得张口结舌，后续工作完全没办法开展。

如果你想做通思想工作，把话说到人家心坎上，首先要动脑筋，像这位门客一样，循序渐进，利用好奇心，调动沟通的积极性。讲个一般人都能感兴趣、听明白的故事，把道理藏在故事里面，就好比糖衣药丸，病人吃到嘴里甜甜的，药效也能发挥。

其二，找准关键点。

要找准对方最关心、最敏感的核心命题，重点围攻。比如田婴这次搞装修，直接提反对意见没用，为什么？他的地位很高，拿别人跟他比，讲这个规矩、那个纪律，他不放在眼里。王上还没说什么呢，纪律规矩都是我牵头制定的，还要听你们这些阿猫阿狗的建议？

在搞装修这件事情上，田婴本意就是想要安度晚年，给自己一个保障和归宿。那就要针对他这种心理，论证家国一体，覆巢之下无完卵的道理。如果国家不出问题，您肯定是独步天下，没必要自己躲到小窝里。可如果国家出了问题，就算您躲到小窝里也没用。修起来毫无意义，还白白损耗您的声威和财富，何苦呢？

其三，避免硬冲突。

前面说了，谁都爱听顺耳的话。你上来就把别人惹毛了，轻则被扫地出门，重则有更大的麻烦。

实现有效沟通的重要前提，就是减少一切不必要的冲突，春风化雨、润物无声。

我们常说，三寸之舌胜过百万雄兵。会说话有时候能让你星光闪耀，帮你力挽狂澜。不会说话的人，业务能力再强，有时候也只能吃哑巴亏。

会聊天，成为一个受欢迎的人

在工作和生活中，我们经常会遇到如下的对话场景。比如，坐火车时与邻座的搭讪，回家探亲时与亲友的交流，饭局上新面孔之间的闲聊，参加单位的文体活动时与某个人恰好坐在一起等。这时候，该聊些什么？怎么聊，才能避免沟通障碍和尴尬，把局促难安、不冷不热的"尬聊"变成惬意得体、游刃有余的"畅聊"呢？

想要避免"尬聊"，首先要搞清楚"尬聊"是如何产生的？其实很简单：一是无话可说，二是话不对路。

要想解决这些问题，第一把"钥匙"叫作"沟通的意愿"。

愿意聊，愿意动脑筋，是做好沟通对话的前提，遇到障碍和问题时，也才有耐心试着解决。日常生活中的种种"尬聊"，往往是人为制造的。一方或者双方根本没有聊天的兴趣，心想"凭什么顺着你说话""就不想和你聊""这个人真愚蠢"，甚至暗自感慨"跟这种人费口舌，简直是浪费生命"。由此，本该是你来我往的融洽对话氛围，变成了有一搭没一搭的冷场，甚至是你说一句、我顶一句的"车祸"现场。

这种"尬聊"完全无解。我建议大家尽量避免这种状态。对方再讨厌、再无足轻重，也不妨碍你保持风度。我们常说"修为"二字，人的涵养不恰恰是在这种时候表现出来的吗？更何况，对身份不明的陌生人摆冷脸，转眼就被打脸的风险还是蛮高的。

仅凭沟通的意愿当然还不够，还需要第二把"钥匙"，叫"变身的智慧"。

北京潭柘寺有个圆通殿，里面供奉着观世音菩萨的本身像，其两侧摆着观世音菩萨的三十二种应身像，合称"观音三十三身"。佛经里说，观世音为了教化不同层次、生活在不同环境中的众生，可以随机应化出种种化身，从佛身、菩萨身、人身到非人身，共有三十三种。

想要达到良好的沟通效果，就应该因人而异，及时调整对话内容和策略。

朋友之间地位平等、关系亲密，所以亲切自然为好，随意说什么都无伤大雅，有时反而能拉近距离，彰显彼此关系的特殊性。

克林特·伊斯特伍德的电影《老爷车》中就有这样一段剧情：老头儿拉着华裔移民涛到朋友那里，生动展示了男人之间该如何对话——相互挤兑埋汰。这样的对话一定是热火朝天的，最后以胸口的一记重拳和开怀大笑结束，怎么可能变成"尬聊"呢？

上司与下属之间，主导权往往在领导手里。工作之外的交流，上司往往愿意扮演"亲民"的角色。这时候，下属自然要做好调整，从雷厉风行的"听话下属"，变身让人轻松愉快的"懂事晚辈"。

比如，与上司一起乘车时，上司看你年轻，有意谈起科技产品话题，希望和你有更多共同语言。这时如果你滔滔不绝，大肆卖弄自己对科技产品的了解，或者唯唯诺诺，生怕哪句话说得不恰当，大气都不敢出一口，这两种表现当然都是错误的。前者错在顺杆就爬，忘掉了自己与上司之间的关系；后者错在给杆不爬，让上司兴味索然。在这两种情况下，你与上司之间的对话都难免成为"尬聊"。真正聪明的做法是，积极热情地接话茬（表达出对该话题的兴趣），承上启下地递肩膀（引出话题让上司放开讲，讲完主动点缀几句作为承接），不失时机地表达谢意（让上司明白他的善意被你捕捉到了，并且表示感谢）。

萍水相逢的陌生人之间，能够友好对话的关键在于拉近距离，塑造好感，建立信任。这时候，要善于发掘彼此的共同点，说白了就是拉近距离。

比如："听你口音是山东人，咱们可是老乡啊！（我最好的朋友是山东人、我去过山东、我常看山东电视台节目、山东人最讲义气……）"

再比如："看你腰板这么直，是不是当过兵？（我也当过兵、我父亲是军人、我最崇敬军人、我喜欢看军事题材的影视剧……）"

你看，拉近距离的过程，往往也是调整身份定位，向对方靠拢的过程。有了这样谦虚低调、积极热情的姿态，也就让对方看到了你沟通的诚意，自然更愿意向你敞开心扉。

第二把"钥匙"用好，你与对方之间就有了良好的沟通氛围和对话基础。但这还不够，如果套完近乎就没话说了，那这不就是白费劲了吗？

接下来需要第三把"钥匙"——"学会成人之美"。沟通是人的自然需求。说到底，人们乐于沟通，是在享受沟通带来的归属感（我是社会群体中有活力的一员）、安全感（在对话过程中，一般不会受到严重攻击）、满足感（我表达的观点和内容受到对方的重视和接纳）。我们常说某人"会聊天"，那他一定很善于让对方从沟通中获得快乐和满足。要想"会聊天"，需做到以下三点。

其一，善于探查对方的表达强项。

有的人知识渊博，可以请他答疑解惑；有的人经历丰富，可以让他说说人生感悟；有的人情感热烈，建议他讲讲故事传奇；有的人获得了某方面的突出成绩或受到重要奖励，多问问台前幕后的细节；有的人特别以孩子为傲，就听听他的孩子的成长轨迹；有的人喜欢指点江山，就由着他侃侃社会热点。

一定记住，学会倾听和欣赏，是收获信任与友谊的最好的办法。而因为这种能力的稀缺，你稍微增添一点儿耐心，就可以获得点石成金的神奇效果。

其二，能够准确把握对方的表达意图。

如今大家都很忙，很少有人会平白无故地跟你说半天话。那么，只要他开口，往往都是有目的、有意图的。所以，这段对话会不会变成"尬聊"，取决于他有没有机会说出他想说的话。

举个不是那么恰当的例子。单身的你过节回家，吃完晚饭和妈妈坐在一起聊天。妈妈东拉西扯几句，有点儿欲言又止，你就该明白了，这是在为你的终身大事着急呢。到底给不给她机会说呢？不给吧，她憋屈；给了吧，你又不高兴。决定权在你手里，但要我说，从沟通的角度你得让她说话。你回家之前，妈妈思前想后犹豫了多长时间啊！琢磨了一百遍的话，如果就这样被你硬生生地给憋回去，她心里得多难受。让她说了，自己应和几句，之后的事还是按自己的步调进行，你也没什么损失。

其三，学会恰如其分地赞美。

大家对职场上无底线、无原则的溜须拍马厌恶至极，这些行为确实让人极其讨厌。但日常交往的沟通对话中，真诚而恰当的赞美，往往是双方顺畅沟通的最好的润滑剂。每个人都有被肯定、被赞扬的渴望。对方辛辛苦苦地讲了半天，如果得不到及时的肯定，心情自然会失落沮丧。接下来变成"尬聊"并草草收场，完全是可以预料的了。所以，不要吝啬一句赞扬，对你来说无足轻重的一句话，或许就是对方一整天好心情的来源呢。

灵活运用这三把"钥匙"，你也可以变成"会聊天"的人。

讲完大道理，我们再补充几条小技巧。

第一，讲话不要太具体。表扬别人，要善于提升高度。比如，与其说"单位加班，你总能按时到岗"，不如说"你对工作特别有热情"，这样的表扬更有力度，效果更好。批评别人，要善于模糊焦点。比如，与其说"这么简单的工作你都能弄错，真是服了你"，不如说"以后工作还是要细心一点儿，不要大意啊"，这样的批评给人留足面子，还能起到引以为戒的效果。

第二，要适当锻炼记忆力。对话的过程，实际上就是信息交换的过程。尊重对方的最好体现，或许不是收尾的几句赞美，而是你记得他讲过的话。我接触过的一些上司，无不记忆力惊人，善于准确记忆对话信息。大单位之间的事务协调，核心决策有时就是各单位一把手简单碰头定下来的。主办单位的一把手，最后往往会把商讨过程、各方意见和共同决议简要地描述一下，进行最后的确认。这个过程实际上是对一把手的基本考验。如果没有这点记忆归纳、总结陈述的能力，事情十有八九协调不成。

第三，少讲口水话。所谓口水话，就是可有可无、缺乏必要意义的话。口水话包括但不限于口头语（嗯，啊，这个，然后，是吧……）、免责声明（英语叫disclaimer，比如"说句不该说的""不是我说你""我这个人直来直去"……）等。这些话说出来，要么浪费时间，要么画蛇添足，只能暴露自己的沟通弱点，完全不会产生积极效果。

说服的关键，在于"替补方案"

小区的保安扣下了一辆电动车。车主是位小伙子，二十出头的年纪，正怒气冲冲地跟小区的保安理论。

小伙子抻着脖子："凭什么查我？"

小区的保安："你在小区乱放电动车，小区门口和小区内不都指定了摆放区域了吗？罚款20元，现场缴纳。"

小伙子不服气："我刚停下，凭什么罚我？"

小区的保安："今天查到你，就要按照小区规定处理。"

小伙子怒了："你们就是欺软怕硬！看我好欺负是吧？"

小区的保安："小伙子，不处理你走不了，咱们是按照小区规定执行的，请你配合。"

小伙子还想挣扎，可车钥匙早被拔走了，车头也被小区的保安按住，他感到极端恼火却又无可奈何。

这小伙子的语气这么冲，一直在质问小区的保安，完全没有对自己乱停电动车的行为有丝毫的认识，这实际上把小区的保安逼到了墙角。即便小区的保安对别人可以批评两句放行，对他可也得较真了。

如果小伙子换一种表达方式，比如："不好意思，之前对这方面确实不太了解，有规定，我肯定支持的，我下次注意。"

这些话听起来有点儿俗套，其实没有一句废话。

一是表达沟通诚意，对小区的保安给予充分尊重。

二是表明个人遵守小区管理的态度。

三是承认自己乱放电动车的事实。

四是提出替代方案，也就是以批评替代处罚，表示以后不会乱停乱放电动车了。

在现实中，这些话已经足以打动小区的保安，让他有充分理由在自由裁量权的范围内选择批评处理。

其中最关键的是"替代方案"，这也是我们今天要讨论的关键词。

一位师长曾对我说过一句让我至今难忘的话："能让人做选择题，就不要做问答题。"细想起来，这句话颇有道理。

其一，选择题效率高。与人沟通时，提前设置好合理选项，也就降低了对方决策的时间成本，实际受益者恰恰是支着耳朵等答案的你。

其二，选择题更友好。一问一答，实际上把双方摆到了博弈的对立面，容易给对方形成压迫感。如果是选择题，无形中塑造了双方一致向外、评判选项的情境，更容易达成一致意见。

其三，选择题易说服。鉴于前面两条原因，人们对选择题的接受度更高。你在设置选项时，当然可以选取更多对你有利的内容，推动事情向你希望的方向发展。

职场如战场，要想在复杂的人际关系中所向披靡，沟通的技巧显得更加重要。特别是与上司、前辈打交道时，让对方做选择题已经不属于技巧层面，而是作为下属的基本素养。

这不由得让我联想起一个例子。

某下属单位报来一份请示，大意是该单位计划开展一次业务培训，请求派员指导授课。小周一看，觉得事情很简单，有关的部门专门负责培训的业务专家有好几位，具体派哪位去，上司钦点就是了。

他先找上司请示，然后找到具体负责的上司。

具体分管的上司看了，皱皱眉道："有没有问过他们，具体做哪方面培训，需要哪方面指导？"

小周赶忙回答："是业务培训，建议从××处、××处选派人员。"

具体分管的上司顿了几秒钟，说："这样，你还是回去落实一下。业务方面咱们也分业务理论、业务实操、应急保障几个方面。搞清楚需求，拿出个建议名单再报过来。"

小周只好回来了。仔细想想上司的话，确实在理。该单位请求派专家，没有明确需求，如果贸然指派，与对方需求不符岂不是会影响培训效果？我们上报材料，连这个也没有搞清楚，建议名单也没有，上司想批示也无从下手。他想派甲，甲的时间是不是合适？个人意见如何？难道还要他亲自去询问吗？

其实，这件事办起来虽然简单，却也需要遵循正确的工作方法，为上司准备好"选择题"。

第一步，仔细阅读下属单位请示，明确对方需求，不明确的要及时核实。

第二步，向上司报告情况，确定意向人选。

第三步，向意向人选沟通时间安排和个人意愿。

第四步，确定拟办意见，上报。

第五步，根据上司的批示具体操作。

在与家人、朋友相处时，我们往往会比较随意自在。但事实上，上面的思维方法同样有意义。我们随便举个例子。

妻子："周末陪我去逛街吧？"

老公："要加班，没空。"

妻子："就知道加班，别回家了！"

很显然，老公生硬的回答引起了妻子的不满，一场冷战不可避免。如果运用我们的沟通技巧，则会是这样的画风。

妻子："这周末或下周末有空吗？我想去逛街了。"

老公："老婆，我这两周周末可能都要加班，这周三我挤时间回来，咱们去外面吃饭吧，顺便逛街。实在不行，等过了这两周，我给你补上，再加个额外的小礼物。你看怎么样？"

妻子："工作要紧，我也没有太着急买的东西。"

这样的对话，还会引起争执吗？

积极为他人提供替代方案还有一个重要作用，那就是引导自己树立问题意识，善于从解决问题的角度提出建设性意见。

最后，我们再举几个有趣的例子，大家可以仔细体会一下"替代方案"在沟通中的重要作用。

[案例一]

A.路口执勤大爷："小伙子，红灯不能越线！"

B.路口执勤大爷："小伙子，着急上班吧，站到前面来，一变灯你走得方便。"

[案例二]

A.地铁乘客："你家小孩怎么把座位都踩脏了？这么管教行吗？"

B.地铁乘客："小孩真可爱，正是爱动的年纪，我来帮你抱一抱吧？"

[案例三]

A.保洁大妈："小伙子，你吃水果把皮扔了一路，我怎么来得及扫？"

B.保洁大妈："小伙子，渴坏了吧？来，我给你个塑料袋，套在手上免得粘手，吃完还能装水果皮。"

第
一
章

避免沟通"陷阱"，
发展得又好又快

很多人说话常犯错误，有的人说话不分场合，有的人说话抓不住要点，有的人说话不懂利弊分析……只有避开说话陷阱，做起事情才能更顺畅。

无论什么时候，说话都要谨慎

2010年春晚，郭冬临和牛莉演了个小品叫《一句话的事儿》。小品中不厌其烦念叨的台词是这句："一句话能成事儿，一句话能坏事儿。"这句热门台词没毛病，特别是在职场中。

某年某地某单位入职考试，小伙子甲和乙分获笔试前两名，面试时惺惺相惜、颇为投缘。特别是乙，对甲颇多恭维，态度诚恳甚至有些恭敬。面试成绩揭晓，甲果然高中，乙以0.3分之差屈居第二。乙给甲发微信，热情祝贺之外，盛情邀请甲出来小聚。甲这会儿春风得意，对乙的印象也非常好，于是欣然同意。酒桌上，你吹我捧，俩人越喝越高兴，甲的警惕性也就逐渐放下了。乙谈起工作话题，试探性地问甲的态度。甲口无遮拦，讲了几句过头话，特别是有这么一句：

哎呀，工作嘛，就是务虚，表面的事情做好最关键。不然你做得再好，领导看不到也不行。

酒足饭饱，甲、乙各自高兴回家。过了两个星期，一切都很顺利。甲这边工作交接、散伙饭都吃了几顿，眼瞅着就要到新单位上班了。结果等来等去，等来考务人员一个电话，取消岗位录用。为啥不合格，不说。甲郁闷得要死，却毫无办法。

到底为啥？很简单，就为那顿饭、那句话。考试结果尚未确定，就出来大吃大喝，可见不成熟、不稳重、不讲规矩。酒桌上口无遮拦，发表错误言论，特别是对自己要从事的工作缺乏正确认识，可见不适合从事这项工作。这样的人，能录用吗？

当然，甲的这种对待工作的态度不可取，千万别拿这种态度来对待工作。虽然你可能认为自己的价值观没问题，但是，你在外面口无遮拦，是很容易被抓住把柄的。

实际上，这种事情在职场、商场都不罕见，只要是有人的地方，话就不能乱讲，嘴巴就要把住门。讲话是不是谨慎，本质上是个人修养的体现。如果缺乏对这方面的重视和修炼，再小的河沟都可能翻船。

再讲个我亲历的真事。

某著名宾馆，整天开各种重要会议，大堂里拍一下桌子，回头的肯定有身家百亿级的企业老总。电梯口，两个姑娘负责接待：一个是会务组的年轻人K，刚入职没几个月；另一个是宾馆的服务员。

午后报到的人少，K忙了一上午有点蔫儿。这边过来一个60多岁的老头儿，夹个包自顾自地往里走，与其他人的前呼后拥形成鲜明对比。K一看这人也没太当回事儿，表面上还是笑脸相迎，送进电梯。恰好这会儿，大堂另一侧守电梯门的宾馆服务员小声喊K，意思是你这边情况怎么样，一会儿有领导要用电梯。

K随口就是一句：有个老头儿刚进去。

听到这话，旁边的服务员吓得赶紧使眼色，但已经晚了。刚闭上的电梯门又开了，夹包的老头儿转身出来了，铁青着脸，大声质问："你是哪个单位的，什么素质？"几句狠话直接把K说哭了。

后来多亏宾馆服务员经验丰富，好言好语劝了半天才把场圆下来。但这事第一时间就被会务组领导了解了，K迅速被调整岗位，去文件室点数去了。会议结束，原本要安排她到综合部门进行学习，最终被调整到行政部门去管物资了。

讲了这么多，有心的年轻人估计已经懂得哪些话该说，哪些话不该说了。

别做说完就后悔的事

经常有网友留言："公周，很喜欢你写的沟通技巧类文章，也经常琢磨自己这方面的问题。道理懂了一些，可还是管不住这张嘴，经常说完才后悔。求解救！"

看到这里，我不由得想起一个大学同学，见到他我们都绕着走，不敢轻易搭茬儿。倒不是因为他出口伤人、分分钟噎得你想死，而是太敏感、太小心，聊一会儿就突然刹车，凝视着你的眼睛，惶恐地追问："我刚刚是不是说错话了，其实我不是这个意思啊，你别多心，其实我是想说……"

本来没多心，也让这哥们儿搞烦了。

所以我的第一条建议：说话很重要，但也别为此焦虑。看过一个数据，人平均每天说1000多句话，女性可能还要多几倍。哪怕有那么一点儿不妥当，也分分钟被淹没掉了。

那随便讲话，是不是也无所谓？

当然也不是。大家的忍耐都是有限度的。无心说错话，没关系。偶尔惹人烦，原谅你。可如果经常说臭话，还不收敛反省，大家表面不说什么，内心都会默默拉黑你。

既然说话水平要慢慢提高，立马管住嘴也不容易，最立竿见影的，就是保持"善意"，多给自己攒点人品，偶尔说错话也容易获得谅解。具体有以下几条。

不要吝惜夸奖

说臭话、管不住自己的嘴可以理解。说好话，总不会有什么障碍吧？你的夸奖和赞美，会拉近距离、消除防备，营造彼此的信任，给自己攒下好的关系。哪怕下次你不小心说了得罪人的话，对方也会自动忽略。同样两句话摆在这里，他当然选择顺耳的那一句。谁愿意自找别扭、否定自己？

当然了，夸奖必须走心。比如同事做了一个汇报，随便夸一下"不错啊"，就不如"厉害啊"；简单说个"厉害啊"，就不如"厉害啊，这个动画效果你是怎么实现的呀？上次我折腾半天都没做好"。

敷衍的、泛滥的夸奖，约等于讽刺和轻蔑，还不如不说。

学会正向思维

解决问题，反向思维有奇效。但与人沟通，还是常用正向思维。

人都喜欢恭维和表扬，不喜欢质疑和否定。很多人说，我总是无意间就把人得罪了。这实际上就是思维方式的问题。如果习惯了反向思维，当然就会随时对别人指手画脚。

比如女同事从国外代购化妆品，不仅能买到大牌，还省钱，美滋滋地跟大家分享。你脑海中想到的，都是一些什么"新闻曝光代购造假严重""国外大牌照样质量不合格""就你长这样，化妆也丑得很"之类的，臭话一不留神就跑出来了。

比如，"哎，这两天我看新闻说海外代购都是从国内××地方发货，冒充的吧"。

这话是不是过分？

如果是正向思维就不一样了：

"哇，便宜这么多？哪家代购啊，我也想给女朋友买点试试。"

"皮肤保养真的很重要啊，怪不得你总是很有活力。"

注意摆正心态

解决出口伤人的毛病，很重要的一点就是摆正心态，不要自作聪明、自以为是，潜意识好像觉得挑点毛病出来才算本事。其实，让人家舒服，才是真正厉害的技能啊。

全民关注的西安女车主维权，撇开事情本身不谈。从沟通表达的角度，大家听过女车主和女总经理的对话吗？店方经理，句句貌似站在客户的角度讲话，实际上并不是，结果最后成为沟通失败的案例。

女总经理的问题出在哪里？本质上还是心态没有摆正，强行站在了客户的对立面。

"我们看到这个网络事件，说实话，我比您还意外。"（给人的感觉是，谈好的事情，你还敢在网上炒作我们？什么想法？）

"我们已经达成了一个协议，而且是由您来起草的。"（给人的感觉是，出尔反尔，说话不算话。）

"因为您一直希望是退，（我们）就是（给您）退。"（给人的感觉是，都同意给你退了，你还不满意？）

"虽然，漏机油在国家三包法规里，还是只能达到一个换发动机的。"（给人的感觉是，我们已经做得很好了，你还想怎么样？）

站在店方经理的角度，技术上没什么问题，所谓换位思考、语言谦恭、有礼有节等，她都在注意和运用，但最大的问题在于心态。她不仅没有拿出沟通的善意，没有真正体谅车主的心情和处境，反而在内心里把车主认定为闹事的人，处处想掰扯、想辩论、想让对方难堪。这种沟通，不管语言多么字斟句酌，结果都可想而知。

何不成人之美

问你会嫉妒别人吗？多数人都会否认。但实际上，看到别人成功和快乐能心静如水，甚至真诚为别人喝彩的，太少了。也许你意识不到，很多臭话都源自潜意识中的嫉妒心态。

最典型的，比如"杠精"。

同事一脸兴奋："《复仇者联盟4：终局之战》，预售票房都过亿了，简直万众期待！"

"杠精"："哦，爆米花电影……一帮人被电脑特技搞得神魂颠倒……"

同事闲聊："最近去吃海底捞，感觉卫生状况比一般小馆子还是强太多了。"

"杠精"："对了，上次从锅底里吃出老鼠来的那事儿，处理得怎么样了？"

同事甲打翻了杯子，乙赶紧安慰他："碎碎平安啦，旧的不去、新的不来。"

"杠精"酸溜溜："哎呀，还是乙会说话。什么时候也教教我们啊？"

同事为了减肥，决定从现在开始晚上不吃饭。

"杠精"："那个××，吃嘛嘛香，身材还很好。关键还是要运动啊……"

你说东，他说西；你打狗，他撵鸡；你想吃肉，他非要喝稀。总而言之，就是看不惯一切正面的东西。

其实，批评"杠精"并没有恶意，只是希望年轻人学会更加积极健康的思维和表达方式。只有这样，你的生活才会充满阳光，在职场和生活中也才会更受欢迎、更加游刃有余。毕竟，在网上"喷"和"杠"，只会浪费时间，并不能得到什么收获。在实际生活中，你究竟能否成为强者，很大程度上取决于你的思维和心态。

说了这么多，都是围绕"善意"这个概念。不需要多么敏捷的反应、多么精巧的语言、多么严格的自律，只是凭一颗与人为善的心，最起码就可以保证不结仇、不得罪人。其他技巧，都是建立在这个基础上的。

远离这些害人不浅的口头语

"好像是"

不少年轻人热衷于"成功学"，谈起理想主义立马热泪盈眶，讲起价值观无不慷慨激昂，可真问他几句实打实的办法、路子，要么张口结舌，要么信口雌黄。再看看实际工作表现，既没有超人天赋，又没有踏实态度，连手头这点业务都搞不清楚。一个准确数字都不掌握，一件小事都不懂前因后果，别人问起来，啥都知道点，啥都很耳熟，就是讲不出一二三，只好用"好像是""差不多""大概吧"来应付。说句难听的，就是连蒙带猜、滥竽充数。

是工作有多难吗？是智商实在不够用吗？当然不是。归根到底是态度问题。不用心，再简单的事情都不可能做好，更不可能得到别人的信赖。不少年轻人问我，如何才能在职场中脱颖而出。其实很简单，就从"对答如流"做起。

"我听说"

信息社会，谁在各单位没几个熟人？谁手机上没有几个微信群？谁没参加过留电话、加微信、侃大山的聚会？那么现在问题来了，对那些未经证实的小道消息，特别是其中的敏感内容，你能控制住二次传播的冲动吗？如果涉及你的个人利害关系，你能做到不露声色、谨言慎行吗？

某单位曾经有位年轻有为的"潜力股"。职场得意，他难免有些骄纵。正赶上单位人事变动，不少人都传某副手要转正接棒。这位副手是"潜力股"的伯乐，对他一直青睐有加。

就在这个节骨眼上，有人有意无意套"潜力股"的话，大概意思就是"××很快就转正啦，××苟富贵勿相忘呀"。"潜力股"一时大意，只说了一句"听说是要动"，脸上难免有些喜色。很快，风言风语就传开了。人事问题本就敏感，再加上"潜力股"本就招人眼红，传来传去，矛头都指向他了。最终，副手和"潜力股"都没有转正。谁也不知道，究竟是安排本就如此，还是因为后来的传言发酵。

但我可以明确提醒你的是，"我听说"绝不只是信息传递，在很多情况下，你会被下游受众直接认定为原始信息源。话从你嘴里说出来，就意味着个人信用背书和态度表达，你将不得不承受与此有关的一切风险。

嘴巴严，听起来容易，实际上做到很难。

"知道吧"

我认识某单位一位老哥，20世纪80年代初的名校大学生，快60岁的人了，头脑比年轻人还灵活时髦。

这位老哥最大的缺点，就体现在口头禅上。不管是给领导汇报工作，还是与人合作共事，抑或是给外单位客人介绍情况、给新进人员讲解业务，甚至在食堂闲聊国际局势，都能时不时蹦出个"知道吧"来，一副居高临下、教育训导的语气。听得久了，年轻人都觉得有点别扭。谁愿意天天被当成小学生教训着？这位老哥的人际关系可以想象。

有读者可能会说，太小题大做了吧，这几个字哪怕有点儿不谦虚，也不至于全盘否定人家吧？能力摆在这里呢。

其实，口头禅最能反映真实的内心世界，显然，他的骄傲自负始终强烈存在。在他眼中，不仅同事多为庸碌之辈，连领导的能力水平也不过区区。言谈举止表现出强烈的自负，不仅对人际关系是个灾难，更拉高了人们对他的期待。这种被拉高的期待，**最终只会带来人们加倍的失望和鄙夷**。

反倒是真正身居高位的领导，往往特别注重谨言慎行。同样的语境，这位老哥说"知道吧"，领导可能就会说"你看呢"。两种表达方式，高下立判。

"不着急"

我以前在办公室工作过。有个领导年纪轻轻、能力超强，工作效率、质量都很高。别人哼哧哼哧加班熬夜做事，他在正常工作时间内就能搞定。时间长了，他对自己的工作效率也颇为自得，甚至引以为傲。如果他凡事都往前赶，倒也没什么。不知道是不是为了显示自己的能力，他总喜欢卡着点做事。别人催促了，就气定神闲地回一句"不着急"。

有一回，周五临时来了紧急任务，要求下周一下班前完成。开完会，领导们忙不迭地再找自己的下属开会，安排周末加班，周日中午就基本把材料汇齐了。谁知道，紧接着就来了通知，任务完成时间提前了，要求下周一上班就必须交材料。我赶紧给这位领导打电话，几十遍无人接听，找同事去他家一看，大门紧锁，不知去向。

直到周一早上，我才在食堂找到他。我心急火燎地催他赶紧做材料，他却还是那句"不着急"，慢悠悠地吃完油条、馄饨才到办公室开工。也多亏他确实有两下子，最后没耽误事。可领导对他的负面印象，已经很难扭转了。

我提醒年轻人，能力强当然是好事，但要趁着能力强，比别人多做事、多跑路，凡事想在前面，追求更高质量，这样才能更快进步。可别沾沾自喜、自以为是，最终不仅荒废了大好机会，还可能在自己的优势上栽大跟头。

"不就是……"

我讲过，反问句能不用就不用，原因在于这种句式语气过于强烈，往往带有质疑、鄙视、恼怒等强烈的负面情绪，渗透力和说服力都很差。

这里要讲的"不就是……"，乍看起来是反问句式，实际却是另一种问题。

有位小伙子名校毕业，通过选调直接到大单位工作。一开始他还能谦虚好学，时间稍长，倦怠情绪就上来了。带他的业务老师给他安排了一个任务，话还没说完，他就接"不就是……"同事聊天，人家兴致颇高说个什么新鲜事，他又来了句"不就是……"大家都被他搞得没兴致。

单位车位紧张，来晚了就不得不停在附近街巷路边，运气不好就会被贴罚单。有一天下班，他恰好看到协管员在贴条，顺嘴就发了句牢骚："不就是想收俩钱吗？"协管员正好也是暴脾气，一听就跟他吵了起来，搞得不少人围观，影响很不好。

说到底，"不就是……"这句口头禅的背后，是自以为是、自作聪明，是对成长缺乏耐心，对所谓成功操之过急。殊不知，嘴上一时痛快，却错过了深度学习的机会，错过了别人不经意的金玉良言。凡事蜻蜓点水、心浮气躁，恐怕在职场很难有什么突破。

有些话，你一定不能说

一

前几天，我心情不太好，在"知识星球"上与同学们互动：你心情不好时，会做什么？

几十位同学争先恐后地留言：跑步、听歌、画画、看电影、抱着男朋友哭、找亲人倾诉、安静地待着……居然还有人说"写代码"。

马上有另一位同学评论：写代码？兄弟你太牛了，跟×××在妻子去世后狂刷数学题有一拼。

大家知道，人们在网上讲话比在现实生活中要随意一点儿，这位同学的评论显然是赞许、惊叹的意思，乍看起来没有任何问题，但我还是批评了他几句。

从沟通表达角度来看，此话不妥，不可随意用这种事情进行类比。

我能想象，那一端的手机屏幕前，这位同学有些诧异而又似懂非懂的表情。平日里与亲朋好友、同事熟人交流，这样的话其实并不少见，哪怕有一些不合适的地方，也没人往心里去，说过去也就算了。但既然花钱买了我的"知识星球"会员，愿意拿出时间来跟我学习职场生存和沟通表达，我还是有责任抓住机会，帮助学员成为更好的自己。

我专门发了一条内容，给"星球"的所有同学讲了这个"新鲜度"满格的案例。简而言之，就是四个字：类比不当。

大家讨论的语境，是日常生活中的"心情不好"，属于常见的、轻微的、可以"自然痊愈"的情绪波动。而"亡妻之痛"，显然是人生最大的悲哀之一，可以舒缓但永远难以抹平。两者相比，完全不是一个量级、一种概念范畴。

更关键的，中国人在沟通表达中，最忌讳的就是"死亡"二字。一个稍有修养的成年人，会千方百计地用其他概念替代、隐讳"死"这个字，比如"走了""不在了""没了"，甚至是一句叹息、一个眼神及一秒钟沉默。西方人出于宗教原因，对死亡的看法更加豁达，但也会用"pass away"而不是"die"来表达。

如果你在聊天时，直接引入死亡话题，很可能会让所有人的情绪咯噔一下。这就是我们说的"臭屁话"，让人非常不爽。时间长了，也就没人愿意跟你接触或深聊了。

再举一个更有代表性的例子，是我前一阵翻几年前的日记想起来的。

那一年，我和一位年长一点儿的大哥参加演出，每天排练到很晚。他家在东三环，我家在北四环，按理说不顺路，但出于好意，我每天都开车把他送回去。这位大哥呢，也是图方便，稍微客气几句就心安理得了。

结果有一天晚上11点多，车开在东三环上，快到他家了。俩人正高高兴兴聊着天呢，这位大哥冷不丁地来了这么一句："看见前面桥洞了吗？去年，××演员开着一辆宝马X5，就在这里超速追尾了一个拉钢管的大货车，整个人像是万箭穿心，被活活戳死了。"

如果是你，会不会被吓得一身冷汗？反正我是半天没说话，默默地踩了几脚刹车。

看到这里，可能有的同学会说："你太敏感了。正常人根本不会琢磨这么多。"

错了，问题不在于敏感本身，而在于你不知道谁"敏感"。

比如，你知道老人对死亡的话题比较敏感，回家在对自己的长辈说话时不会轻易把"死"字挂在嘴上。但你面对同事朋友、工作中接触到的形形色色人等时，你知道对方亲友中，最近有没有人重病或去世？你知道人家自己的健康状况又如何呢？

我们常说"不妄言"，不只是针对说话和吹牛，更重要的是把可能对他人造成困扰的话，全部憋回去，烂在肚子里。这是对他人的基本尊重，也是你为人处事、自我修养水准的体现。

二

大家可能都有这样的生活经验：你本来心情很好，打算跟对方聊工作、谈项目，甚至相亲、面试，结果对方开口以后，那种情形如同灾难。

又或者，在你张口以后，对方的脸上出现了奇怪的表情，接下来的整个交流过程都变得异常艰难而糟糕。

这样的经历，估计一次就够终生难忘的了，所以现在越来越多的年轻人重视口腔卫生，工作日不吃带有刺激性味道的食物，科学刷牙和定期洗牙，遇到口腔和肠胃问题及时调理。每个人呼吸到的空气，就清爽多了。

但你有没有想过，糟糕的表达，时不时脱口而出的"臭屁话"，比口气酸腐更可怕、更加难以矫治？很多人根本没有意识到这个问题的存在。

比如，最常见的一种说法：不好意思，我没有恶意。

那我就要问了，外人如何判断你的内心是善意抑或是恶意的呢？只要你不是故意的，就不需要承担任何责任，你的糟糕表达对别人造成的不愉快，就可以当作没有发生吗？

显然不可以。你没有恶意，可以成为我原谅你的理由，但这种宽容并不是理所应当的，更不是无限度的。

偶尔无心之语，在所难免。但如果你说错了话，还不吸取教训、及时改正，你的表达就会被越来越多类似的问题占据，最后所有人都会对你敬而远之。

以前我们单位医务室的大夫，年轻时在部队待了很多年，后来转业安置到医院，又派到我们这里躲清闲。这位大姐没有什么坏心眼，但有个毛病，就是看啥、想啥、说啥，口无遮拦，完全没有忌讳。

看你抽烟，她盯着你摇头："咱们国家居民患肺癌比例这么高，都是抽烟闹的。"

看你喝茶，她说："哎呀，你这是不是普洱？普洱是发酵茶，黄曲霉素少不了，这可是致癌性最强的化学物质啊。"

看你加班熬夜，她转眼就把"震惊了，多少年轻人正在慢性自杀"发到单位微信群里。

跟你聊天，得知你是山东人，"哎呀，你们那里吃得最不健康了，什么酸煎饼、腌咸菜、烤串、烧鸡、咸肉，喝酒、抽烟没节制，你们山东人平均少活5年！"

......

大姐搞完"科普"，还总喜欢缀上一句："哎呀，都是为你们好。这些话除了我，也没有人会跟你们说。"

搞得我们哭也不是，笑也不是，拿她实在没办法，只好装作没看见、没听见。别高兴得太早，这还没完。

你有个头疼脑热，去找她拿点儿常用药，她准得在话头上等着你："看看，我早就劝你们不要××，你们还不理解我一片好心。这下知道厉害了吧？"

我绝对确定以及肯定，我们微信群那几百人里，大姐是最不受欢迎的一个。虽然都知道她不是坏人，但我们一天也不想看到她。

三

除了前面讲的例子，在职场沟通表达中，还有哪些常见的忌讳——就是一旦讲了，十有八九会得罪人的那种？

这里随便列举几个，供大家参考。

第一，地域黑。总爱说某地怎样怎样，只要你说这个话，干脆提前做好得罪人的准备吧。一竿子打翻一船人，已经够狠了，你直接一句话打翻上亿人。你说A地人不好，就算你这话是说给B地人听的，你怎么知道他外婆、老婆、七大姑八大姨不是A地人？

就算他们都不是A地人，你怎么知道他不会把这些话告诉A地人？

第二，出身论。出身能决定很多东西，后天再怎么努力，都难以克服。也恰恰因为这一点，出身草根甚至更糟糕的人，会更加敏感、更加脆弱。建议在任何时候，你都不要轻易讲跟出身相关的话题。比如家庭贫穷的人更容易被金钱诱惑，不懂品位和审美啦，诸如此类的话都不要讲。

第三，素质论。比如你看到网上有些新闻，说年轻人不让座啦，出去旅游不注意文明啦，超市搞活动大家去抢购鸡蛋啦，等等。你直接就说，素质太低了，这帮人怎样怎样。那你有没有想过，你对面的人可能也做过类似的事情，或者他的妈妈早上四点钟起来，刚刚去超市抢过鸡蛋？

第四，小聪明。有的人喜欢耍小聪明，而且喜欢挂在嘴上沾沾自喜。满以为对面这个人，完全与事情没有利害关系，实际上，非常伤人品和人设，容易引起身边人对你的警觉和戒备。比如我以前有个同事，在办公室兴致勃勃地分享自己的诀窍，把骑完的共享单车藏在什么地方，方便自己下班时再找到它。

第五，极端表达。以下是一定要避免的：比如极端个人好恶，咬牙切齿骂某个人是大傻瓜；比如强调个人观点，强调某某追星群体完全是脑残；比如对热点新闻的极端看法；比如在世界观、人生观上，只相信关系，不相信努力；等等。

为什么搞协调，有人一说就通，有人一说就炸

沟通表达是一门艺术，聪明人选准角度，轻描淡写就能无往不胜。有些人摸不着门道，费尽口舌却还是无功而返。找角度，就是说话的最大艺术。

公元前319年冬，魏惠王去世了。出殡这天，下起了大雪，史书上说"至于牛目"，也就是雪快堆到牛的眼睛了，现在算来，至少也有一米深。整个都城大梁白茫茫一片，连北都找不到，更别说拉车走路了。

按说这是歌功颂德的好时机：先王功德盖世，去世也能感天动地，你看老天爷都哭成这样子了。

但这帮当官的完全顾不上唱赞歌，最要紧的是出殡这件事还能不能如期举行？如果硬要举行，大家伙儿就都要从暖融融的房间里出来，冻得一把鼻涕一把泪，浩浩荡荡地去送葬。更少不了要发动大批老百姓清理积雪，抢修栈道。耗费大量资金不说，

免不了还要冻死、饿死人，再激起老百姓反抗，这可就是大麻烦了。

于是，大家纷纷向当时还是太子的魏襄王提意见："雪实在是太大了，按期出殡的话，成本会很高，老百姓也受不了折腾，要不咱们改一天？"魏襄王一听，马上就给怼回来了："做儿子的，难道因为心疼钱和老百姓，就不给自己的爹出殡？岂有此理！"

大家灰溜溜地回来，在还不死心的情况下想到了一个人——惠施。这个人能说会道，说不定他会有办法。于是相国公孙衍亲自出马，请惠施出面去做工作。

惠施见了魏襄王，不着急说出殡的事儿，而是先举了个例子："当年，周文王的父亲死后，被安葬在楚山脚下，结果刚入土就赶上了大暴雨，把棺材都冲了出来。文王一不着急，二不上火，更不去琢磨什么阴谋论，敌人故意搞破坏之类，而是平静地说一定是先王不舍得离开，还想再看看大家。他干脆下令把棺材取出，重新放回朝堂，供大家瞻仰膜拜。三天后大雨过去，才重新安葬。"

看魏襄王听得入神，惠施继续说："您看，今天下这么大的雪，也是先王不舍得大家，想看着您安心即位，让老百姓安心。您非要按原定时间出殡，岂不是显得很着急把先王送走？还是改改日期吧,周文王都这么做,咱们效仿一下也不过分。"

魏襄王听完,只说了一句:"太对了,我马上改日子!"

这个故事简单,但很有嚼头。同样一件事情,为什么那么多人上书提意见都不管用,惠施三言两语就把领导说服了?

关键就是两个字:角度。

群臣进言,说的都是执行层面的客观困难,又是路不好走,又是资金紧张,又是老百姓不满意,话虽然不错,却完全没有顾及领导的感受。给先王办丧事,魏襄王最在意什么?面子。办得风光体面,不仅是给亲友家族的交代,更是对自己继位合法性的背书。我只要结果,至于怎么去办,需要克服哪些困难,那都是你们该考虑的事情。俸禄养着你们这帮人,关键时刻还敢讨价还价?再说,就算我想体谅你们,这理由找得也太敷衍了吧?你们倒是省事了,耽误先王葬礼的黑锅让我背?

所以,魏襄王只能坚决说"不"。

惠施就不一样了。他寥寥几句话,至少包含三层意思。

第一,葬礼改期有先例。您看周文王,是出了名的贤君圣主,他父亲的葬礼也是遇到了类似的情况,结果就改时间了,但丝毫没有影响其历史地位。

第二,突降大雪,说明先王不想走。葬礼改期,是顺应先王的心意,也能给大家创造更多亲近先王的机会。

第三，您如果非要将先王按期出殡，会不会引起人家的闲言碎语，说您着急送走先王，自己好放开手脚、为所欲为？

大家看，惠施丝毫不提什么路难走、人难组织这些客观困难，而是完全站在领导的立场上考虑影响、利弊，有针对性地提出合理化建议。领导当然不傻，话说到位了，自然就顺水推舟，马上应允了。

一正一反，两种沟通角度，效果截然不同。

其实，无论是在职场中还是生活中，要想实现有效沟通，特别是说服对方，找好切入角度，站在对方的立场上思考和表达，都是成功的关键。

比如，领导交给年轻人很多工作，年轻人累死累活，压力很大，一般人都会抗拒甚至抱怨说："领导，工作太多了，我有点儿吃不消，部门其他人还有时间，要不请他们分担一些工作？"

这样表达，不仅上司会认为你不能吃苦，挑肥拣瘦，甚至不服从上司安排，在工作上讨价还价，其他同事也会恨你恨得牙痒痒：好啊，公然给我们上眼药①，你忙，我们就不忙了？

如果换个角度说："不好意思，领导，我这边有您安排的某项重要工作，马上要到截止期了，正在冲刺，新交办的这几项工

---

① 比喻添油加醋地就某个人的情况向领导、上级、长辈等打小报告，暗地使坏整人。

作会不会受影响？"这种表达就抛开了个人感受，站到了上司的立场上，优先考虑避免工作延误，自然更容易打动领导。而且听你这番话，不管上司最终如何决定，最起码会对你有个顾全大局、思虑周全、积极向上的好印象。

职场年轻人其实就是在这些不经意的点滴之间拉开差距的。

再举个例子，公司年底开总结大会，几个先进部门的负责人轮流上台发言，介绍工作经验。你负责会务组织，甲部门的负责人来找你，说能不能把他们安排在后面发言，他们先听听其他人的发言，心里好有底。一般人可能会敷衍几句，"哎呀，不好意思啊，会议方案领导都看过，不好改啦""按你这边的行政序列，就该放在第一个啦""都这么改来改去，那就乱了规矩啦"，诸如此类。

甲部门的负责人听了，嘴上不说什么，心里肯定很生气，好不容易开口找你帮个忙，这也不行，那也不行，要你有什么用？下次你遇到事情可别来找我！

你看，不给面子就会得罪人，等你遇到麻烦，谁会来帮你？

如果换个角度说，效果就完全不一样："哎哟，这点儿事还用您亲自来说啊，打个电话就行了呀。换位置啊？没问题，您提要求，我们肯定做好服务……对了，我有个顾虑给你说一下，你看开会前，咱们的方案还会给上司再报一下，如果看到把您放在最后，问起来会不会显得不好？其实今年您处理工作最突出了，台上台下都等您的精彩亮相呢！"

说完这话，对方也就懂了。其一，变动需要通过领导批准；其二，变动的好处不大，却有可能引起麻烦。你显然不想帮他改，但话里话外都是在为他着想，挑不出任何毛病。他平衡利弊，自然就会放弃了。

这样说话，才能把路越走越宽，将来沟通协调事情，也更容易一路绿灯。

现在的年轻人，头脑都很聪明，但说话做事都喜欢以自我为中心，怎么痛快怎么来。别人求到你了，各种不情愿，硬给别人怼回去。自己遇到事情去求人了，人家稍有点儿难处，自己先脸上挂不住了，各种牢骚抱怨。长此以往，难免口碑糟糕，朋友稀少，甚至人品恐怕都会受到质疑，何苦呢？

乱说一时爽,一生都遭殃

一句话能成事儿,一句话能坏事儿,一句话还能让人掉脑袋、败家业,能让国破山河碎。

春秋末年,曾经的"五霸"之一晋国衰落,权力被六家士大夫把持,其中实力最强的是智家,排在后面的才是韩、赵、魏。智,这个姓氏比较奇怪,但在当时非常厉害。他家老大叫智瑶,年轻时长得很帅,史称"美髯长大"。智瑶精通骑射武艺,还能说会道,有文艺细胞,胆子也很大。但他有个毛病,就是从不把别人放在眼里,动不动就出口伤人,整天一副"我最厉害,你能把我怎么样"的架势。恰恰是这个毛病,让他死无葬身之地。

智瑶早有吞并其他几家的想法,打着筹措军饷的旗号,强迫韩、赵、魏三家割让城池和人口。韩、魏两家都胆小,不愿意触霉头,乖乖就范。没想到,赵家的新掌门赵襄子是个刺儿头,坚决不服软。

　　智瑶强行拉着韩魏两家，一起讨伐赵家，围困赵家的晋阳城足足两年。但赵家人有骨气，得民心，久攻不下。智瑶发狠，不顾百万黎民百姓的死活，干脆掘开了附近的河堤，搞得洪水滔天，民不聊生。史书记载，当时的晋阳"城不浸者三版，沉灶产蛙"。也就是说，城外的洪水眼看就要漫过城墙了，城里老百姓的灶台都被淹没了，里面都产出青蛙了。意志再顽强，也怕实力悬殊。眼看赵家就要撑不住了，城破灭族之危，就在旦夕。

　　智瑶心情大好，带着韩魏两家坐车视察战场。他命令小魏当司机，小韩当保镖，自己得意洋洋地坐在尊位上，谁知道他怎么就顺嘴来了一句："我今天可算知道了，大水可以让人亡国呢！"听到这话，小韩悄悄地踩了一下小魏的脚，小魏悄悄捅了一下小韩的胳膊，两人听得不寒而栗，当即就起了反心。为什么？韩家旁边就是绛水，魏家旁边就是汾水，都是大江大河，智瑶今天用大水灭了赵家，嚣张得很，谁能保证他哪天不会故伎重演？

　　赵家抓住机会，派人到韩魏军营做工作，三方顺利结盟。于是，赵家绝地求生，尽锐出击，韩魏临阵倒戈，活捉智瑶，瓜分智家的田地人口，史称"三家分晋"，"战国七雄"的雏形由此形成。

　　回过头来看，智瑶说的那句话，或许根本没太多深意，无非是得意忘形时脱口而出。但他毕竟忽略了盟友的感受，再加上自己一贯飞扬跋扈、不懂收敛，最终众叛亲离也不奇怪。

你看，再大的历史转折，背后或许只是一句话的事儿。智瑶之死，关键是不懂弦外之音。表面上看，什么问题都没有，却经不起旁人的推敲和联想。殊不知，"弦外之音"如果失控，后果会更严重。

我印象比较深的是，有一次单位组织爬山，大巴车上大家聊着天，不时地哄堂大笑，气氛很轻松。有人无意间说起，大城市的发展机会多，很多不起眼的行业都能挣大钱。比如，上海的菜市场基本上都被A地和B地的人占了大头。你看他摆着两平方米的猪肉摊位，辛辛苦苦地站在那里没什么生意，实际上一斤猪肉就有几块钱利润，摊位销售之外还给很多食堂供货，一年最少二三十万的收入。当然这都是些小钱，真正厉害的是那些上游批发商，每天的流水都不止这个数字。明知道能挣钱，可你想做？没门！人家都是深耕多年了，能让你轻易挤进去抢饭碗？

大家纷纷附和，顺带着感慨自己的收入低微，调侃几句。旁边小伙子K刚才就听得起劲，这会儿逮着话茬儿，就开了个玩笑："A地和B地的人都很厉害，但比起C地的人来说还是差远了。"说完他自己嘿嘿笑起来。

没想到，全车鸦雀无声。大家很快缓过神来，开始聊起别的话题。K很蒙，也意识到自己可能说错话了，可全车也没有A地和B地的人啊，能得罪谁呢？真是奇怪了，一路都有些尴尬。

怎么回事？确实全车都没有A地和B地的人，包括家属也没有。可我们的上司是在A地待过很长时间的人，开会、平常聊天时，他还多次讲过对那段生活的怀念之情。你说，这话茬儿谁敢接？

这事就这么过去了，上司到底有没有介意，谁也不知道，即便有些不舒服，也不会当面发作，更不会因此给K穿小鞋。可印象分呢？对K的长远发展有没有影响呢？谁都说不准。

地域黑是职场表达的最大忌讳，而且以地域去评判人也是很荒谬的事情——以地域黑来说事，你永远不知道自己的话会伤到谁。会说话的人，一定会对可能的"言外之意"慎之又慎。

特别遗憾的是，两千多年前，智瑶犯过的错，今天无数人仍然在重蹈覆辙。现在自由度高了，一些年轻人说话不过脑子，还觉得自己"直爽""真诚""活出了自我"，不反思自己，反而以此为荣，甚至对那些说话慎重的人冷嘲热讽。

可要是反过来，别人对他"直爽"，他又受不了了。比如，工作出了差错，上司或长辈劈头盖脸地说他几句，他马上就甩脸子，各种赌气闹别扭，什么人都顶撞。直说不行，旁敲侧击说几句吧，他又完全听不懂或者装傻不接茬儿。这样的年轻人，还有什么前途？

有人可能会说，不管我说什么话，别人都可能想歪啊，怕说错，大家干脆都当哑巴算了。其实，这只是为自己找借口。说话有技巧，表达有规律。只要遵循了基本规律，就不会出大问题。即便有了小误会，也完全可以轻松化解。

其一，心存善意。不只是"相由心生"，语言更是内心情感的直接流露。在大多数情况下，"说错话"是因为内心本来就有太多的负能量。

比如，你无故甩脸子、怼人，痛快了自己，伤害了别人。归根到底，是自己无法控制情绪，无法正确面对自己焦躁的内心。

比如，你经常戳人痛点，让人下不来台，实际上内心是对别人不够尊重，所以才会暗暗冷嘲热讽。

比如，你动不动就冷言冷语，指指点点，这可不是"性格耿直"，而是以自我为中心、自以为是，在褒贬别人的过程中获得自我满足。

永远记住，善意是一切沟通的前提。

其二，话不说死。只要不是百分之百的确定，且没有斩钉截铁的必要，千万不要把话说死。留有余地是防止"被打脸"的关键。谁都有失言或看错的时候，但如果一而再、再而三地这样，个人的信誉和形象都会受到严重损害，作为上司，可能很难再有威信，作为下属，则可能很难再获信任。

当然，这个道理不能滥用。一些无关紧要的事情，如果你也吞吞吐吐、语焉不详，比如，你买了鸡蛋，人家问你几元钱一斤？你记不清是5.6元还是5.7元，就不敢搭话了，这完全没必要。过犹不及、慎重过度也会给人留下糟糕的印象。

其三，先想后说。表达是否恰当，环境是关键。同样一句话，你给大学宿舍的兄弟讲，完全没问题；换作同事和熟人，可能就不行了。给这一群人讲，谁都不在意；换另一群人，可能就会有大麻烦。所以说到比较敏感的问题时，都要默默思量一下，眼前这群人里面有没有直接的利害关系人？有没有潜在的给别人造成伤害的可能？如何预防踩雷？想不明白，就不要说。

其四，及时止损。其实人也不是那么容易得罪的，总有个触碰、积累、爆发的过程。所以在表达过程中，要同步观察听众的表情、言语、肢体动作，发现异样时及时收口。做到这一点，绝大多数得罪人的可能性都可以避免。

其五，经常反省。任何人都不是天生的表达高手，情商也是在踩雷过程中慢慢修炼出来的。聪明人会把犯过的错记在脑子里，甚至写出来，再遇到类似的情况，自然就能够轻松回避。

你这么"谦虚",难怪没朋友

中国人喜欢"谦虚"。

朋友见面,一脸羡慕地问对方"在哪儿高就",说到自己,却是一句"嗨,混口饭吃罢了"。单位同事,一个说"你们家孩子真厉害,这次又考了年级前十名",另一个赶紧说"连蒙带猜的……谁知道下次考成啥样"。邻居买了新车,你转着看了两圈:"这配色,这大灯,这座椅,这动力,哎哟,真是太牛了。"邻居摇摇头:"嘻,这车太费油,品控也不好,我都有点儿后悔了。"

既然恭维容易让人骄傲,骄傲又这么糟糕,为什么大家还乐此不疲呢?随着年龄的增长,我对很多社会现象的体会,是越来越深了。

期末考试,别人问"考得怎么样?"你立马就摇头叹气:"别提了,这回死定了……"毕业离别,同学捶着你胸口:"苟富贵，毋相忘哟。"你笑着反击："富贵个啥，等混不下去，到你家蹭饭可别嫌弃。"女生甲夸道："你皮肤真好。"女生乙赶忙回应："哪里呀，看我眼角细纹好多呢，唉！"同事说："你的业绩这么亮眼，这次升职准有你。"你马上一脸苦笑："可别，为了完成这个季度的KPI，我攒的那点儿资源全掏空了，下季度只能破罐子破摔了。"

嘴上这么说，真实想法可能就是另外一种了："考得还可以，但当然不能告诉你了。""凭我的能力，当然会不错。看在同学一场的份上，到时候拉你一把！""白白的，美美的，我本来就是这个样子。""废话，怎么都该轮到我了。咦，这人莫非在套我话？"

慢慢地，虚心变成了虚伪，自谦变成了套路。大家相互吹捧，相互躲闪，像是饭桌上举着白酒杯，总想比你低一点儿，推来挡去，酒洒一地，这又是何苦呢？

不少职场里的年轻人天性倒也纯真，可到了这种环境里，难免左支右绌，应接不暇，熬到最后，躲闪恭维成了习惯动作，回赠高帽成了例行公事。这下你们该满意了吧？结果又被安上了"虚伪""做作""假情假意"的帽子，真可谓有苦难言。

遇到人家恭维你，如果你不去躲几下，反倒成了照单全收、毫不客气的自恋狂，显得很贪图这几句褒奖似的。

那么，既然要推和躲，如何才能游刃有余、有理有节呢？我在这里分享一些心得。

其一，真诚作答。有的人喜欢自我压抑和伪装，对任何表扬和肯定左推右挡，其实没有必要，且容易给人孤芳自赏、难以接近的印象。只要赞美不是明显夸张、暗藏套路，你微笑默许或轻描淡写地回答，比如，"您说得我都不好意思了"，未尝不可。

如果发现对方带有恭维的成分，但并无恶意，或者说得无大错，但场合不恰当，婉言纠正会是不错的选择。比如，朋友指着你给别人介绍，说："这是某某单位最优秀的年轻人，前途不可限量啊。"你可以跟朋友开个玩笑："盼着你快来我们单位当一把手，这前途还有点儿指望。"

如果对方明显夸张、不着边际，那就不要接他的茬儿，转换到下一话题。比如，曹操对刘备说："天下英雄，唯使君与操耳。"这恭维简直是要命了。刘备干脆趁着打雷装傻卖呆，曹操毫无办法。

总而言之，真诚是沟通的第一原则，适当流露真实的自我，更容易得到别人的善意和尊重。

其二，适度自谦。谦虚是好事，但过犹不及。大家口口相传的俏皮话"过分的谦虚是骄傲的表现"颇有几分道理。别人夸你三分，你立马后退十里，这显然就是过头了，容易被人认为心机深，不真诚。比如，同事夸你工作能力强，处事很周到，你赶忙答道："哪里哪里，连你的脚后跟都赶不上呢。"这显然就是虚情假意、信口胡扯了。你可以说"哪有"，也可以说"惭愧惭愧"，或者再用力一点说"与大家比，差距还是很大"，这些都比前面那句强。包括前面提到的例子，别人夸你家孩子又考了年级前十名，你说"这兔崽子，不上房揭瓦就谢天谢地了"，这又不合适了，毕竟这么优秀的孩子一般没工夫上房揭瓦。再比如，同学羡慕地说："你家这么大的企业，真厉害。"你回应："生意不好做呀，指不定哪天就倒闭了呢。"哪怕企业确实经营困难，甚至可能真的破产，在这种场合也不应该这么说，毕竟，对方不了解真实情况，你的话听起来更像是谎言和敷衍。总之，回应恭维要适度，既让对方感受到善意，又不至于太夸张。

其三，范围适当。你谦虚可以，但仅能围绕自己讲，不能慷他人之慨。比如，几个年轻人聚会，其中一个小伙子奉承另一个小伙子说："哎呀，我们学校跟你们学校没法比，各种被碾压。"这时候，有浓厚母校情结的校友就不乐意了。凭什么你能代表我们？我们大学哪点儿比不上他们大学？还比如，一群"北漂"聚会，几杯酒下肚，某个地方的小伙感慨："我们老家的人都是官迷，挤破脑袋想当官，不像你们那里都想做生意。"旁边小伙子的老乡可能也不乐意了："你可以说自己头脑保守，但不要把整个老家的人捎带上。个人不具有代表性。"

其四，注意场合。朋友私下闲聊，姿态高一点低一点倒也无妨，可如果是在比较正式的场合，那就要注意了，不能揪住人家一句客套话扯半天，搅乱了气氛，混淆了焦点。比如，你单位的年轻人到外单位座谈交流，外单位的人开场说："核心部门的年轻人就是不一样，个个都举止从容，气度不凡，让我们印象深刻。"这种恭维是不需要回应的，如果回应也只是对等地夸奖一下对方，感谢热情招待就可以了。如果这时候你再说什么"哎呀，我们单位做的也是服务性的具体工作，谈不上核心部门啦。你们单位的年轻人才厉害呢，我看都比我们强……"这就完全过了。有时候，太过谦虚反而有害。比如，面试时，面试官有时候会说："从刚才谈的情况看，我们感觉你很有潜力，特别是某方面能力很强。"这时候你只需要说："谢谢您的认可和鼓励。"如果感觉对方还有倾听的意愿，可以顺着讲两句之后开展工作的思路打算。可不要再说什么"差距还很大啊""还会继续努力"之类的话。

说话是一门学问，需要在实践中打磨。希望年轻人能迈过这道关口，顺利进入职场发展的快车道。

第 **二** 章

看清形势做对事，
掌控全局

事物时刻都在变化。做事时要看清事情
的形势，分析利弊，根据当前形势做决定，
才能达到自己想要的结果。

"硬刚"和认怂，到底怎么选

成年人的冲突在极少数的情况下体现为拳打脚踢，更多时候表现为斗智斗勇。

公元前343年，魏齐两国发生军事冲突，齐国大军在马陵活捉魏太子申，逼迫魏军主帅庞涓自刎，全歼魏国十万大军。这就是大家非常熟悉的马陵之战。但这场战役后续发生的一些事情，多数人可能并不知道。

马陵惨败以后，魏国元气大伤，霸主地位事实上已经不存在了，举国上下对齐国恨得咬牙切齿。魏王对手下倚重的谋士惠施说："齐国与我们有不共戴天之仇，我死了都不会放过它。如今我们虽然力量衰弱，但我还是想发动全国兵力去找齐国报仇雪恨，你对此有什么意见？"

遇到这种关乎国恨家仇的事情，魏王都下定决心要出口恶气了，一般人哪敢忤逆？但惠施还是头脑清醒、敢于进言的。惠施上来就说："我听说，王者有胸怀，能容忍；霸者动脑子，用计策。您刚才的这番话，既没有胸怀度量，也没有深谋远虑。所以不可行。"

魏王的确受到了打击——我刚被人揍得门牙都掉了，你不安慰，反而一顿数落，把话说得这么难听，看我脾气好是不是？惹急了我，马上拉你出去打二十棍，信不信？

难能可贵的是，魏王忍了。

惠施赶紧接着分析情况："您看，咱们先跟赵国打仗，又跟齐国撕破了脸，现在我们刚刚吃了大亏，防守别国乘虚而入都有点儿吃力，您还惦记着找齐国报仇，这显然不是称王称霸的风范。如果您真的想报复齐国，不如忍下这口气，谦卑地去齐国朝见，给齐王天大的面子，尊称他为王。这样肯定把楚王的火气勾起来了，他早就看齐王不顺眼。想想看，齐国刚跟我们打了一仗，虽然打赢了，但自身损耗也很大。如果楚国出兵攻打齐国，齐军根本没有还手之力。这就是借刀杀人、以楚毁齐的正确操作啊。"

魏王点头，马上批准了这个方案。

魏王到齐国朝见齐王以后，不光楚国义愤填膺，连赵国都表示不能容忍。楚国出兵，赵国响应，出兵讨伐齐国，在今天的徐州一带大破齐军。这样一来，齐军也遭受重创，无力再去找魏国的麻烦。魏国也借刀杀人，报了自己马陵惨败的一箭之仇。

看完这段历史，我印象最深的一句话就是惠施的名言："王者得度，而霸者知计。"换成今天的话说就是，想成功要具备两种素质：一是胸怀，能忍耐；二是智商，动脑子。

惠施的方案就完美地体现了这两种素质。

其一，魏国马陵之战后元气大伤，暂时没有能力反攻报仇。如果一味地置气，只能错上加错，导致局面更加失控，局势更加危急。这时向齐国低头，只需要折损一点儿所谓的面子和自尊，获益却不可估量。将来元气恢复、羽翼丰满之后，再报仇雪恨有什么不好呢？大丈夫报仇，十年不晚。

其二，吹捧和朝拜齐王，表面上是让齐王占了便宜，实际是让他引火烧身，成为众矢之的。任何人一旦嚣张、骄傲了，就容易犯错误。就算他自己不犯错误，仇家也会看不下去，担心他势力过于膨胀，必然会出手干预。

很多人遇到事情，根本无法自控，更听不进良言相劝，只知道意气用事，动不动就上头。一点就着，一碰就炸，稍微有点儿不如意就甩脸子、撂挑子，公然跟上司和同事对着干，甚至当面言语冲突，在办公室里大打出手……这样的人完全是愚不可及，还有什么职场前途可言？

看清形势再做事，保护好自己

战国时代，楚王有个宠妃叫郑袖，心机颇深。

有一回，魏王送来一位美女作为友好使者，貌美肤白且妖魅，把楚王迷得七荤八素。按理说，郑袖该气炸了。可这次很奇怪，郑袖一派贤妻良母的做派，脸上挂着慈祥的微笑，动不动就往美女那边跑，又是帮着装修房子，又是陪着逛街买衣服。这下让楚王和美女都不好意思了。楚王由衷感慨："哎呀，郑袖真好，不吃醋，不争宠。"美女心里也很感动："好幸运，郑姐姐真是贴心，明明被我抢了男人，却丝毫不介意，还对我这么好，真是让人感动！"大家一来二往熟悉了，彼此亲热得不行，后宫秩序井然，楚王自然也很满意。

有一天，郑袖又来跟美女热聊，无意间就说起了悄悄话："妹子，姐比你来得早，对王上的喜怒哀乐也了解得多一点，有句话不知当讲不当讲？"

美女好奇，赶忙追问。

郑袖神秘兮兮地说："哎呀，其实也没什么。你年轻漂亮，身材又好，王上最喜欢你，这个大家都知道。唯独就是你这鼻子，不是王上喜欢的类型呢。有几次，我听他说过这事儿，就惦记着跟你说一声。"

美女忧心忡忡，万一哪天再来个鼻子更好看的，我还有好日子过吗？便赶忙向郑袖求教。

郑袖装作一脸关切，说："要不这样，你见王上的时候，试试用袖口把鼻子盖住，这样还有种朦胧美，王上说不定更喜欢你呢。"

美女信以为然，往后每次见楚王，都遮遮掩掩，护着鼻子。

楚王很奇怪，好端端地遮住鼻子干什么？来了这么长时间了，还有什么害羞的？或者是有什么隐情？问了几次也扭扭捏捏地不说话。既然郑袖跟她关系好，我去问问郑袖。

郑袖又是欲言又止："哎呀，王上，我有句话不知当讲不当讲？"

楚王说："干什么，你赶紧说，别卖关子。"

郑袖压低声音："我听说，好像是美女嫌弃您年纪大了，身上味道不好闻呢。"

楚王一听，勃然大怒，说："这贱人真是吃了狗胆，竟然敢嫌弃寡人？马上割掉她的鼻子，废话一句都不要说。"

估计到死，美女都被蒙在鼓里，懊恼自己的鼻子长得这么丑，遮住都没用，还是被楚王一怒之下割掉呢。

复盘这个故事，就会发现郑袖奸计得逞，楚王和美女落入圈套，有三个关键步骤。

其一，麻痹对手，骗取信任。

如果郑袖一开始就表现出醋意，甚至撒泼耍赖闹情绪，楚王肯定要金屋藏娇，把美女保护起来，郑袖再有心机，也只能望洋兴叹。就算偶尔有接触，美女自然也会提高警惕，不会轻易中招上当。

所以，郑袖一开始选择了隐忍不发，靠百般献殷勤骗取对手的信任，待时机成熟，果断出手，一招毙敌。

其二，找准切口，攻击软肋。

国君也是人，也有多疑、敏感等心态问题，特别是年龄大了，最缺乏安全感，最怕表面上千娇百媚、万分恭敬的后宫姬妾，对自己心怀二意，不忠诚、不老实。身为老男人，楚王习惯了征服、掌控女人，如果反而被对方嘲笑、嫌弃，简直是伤自尊，必然会勃然大怒。

美女这边，郑袖也成功抓住了她的软肋，即争宠心切，担心被楚王嫌弃，又怕被更年轻漂亮的女人取而代之。而她在郑袖的花言巧语之下，被牵着鼻子走，丝毫没有察觉到阴谋和危险。

其三，挑拨离间，制造冲突。

世界上大多数的矛盾都是信息不对称带来的。郑袖的奸计，本质上还是人为制造了一种信息不对称，即楚王和美女对鼻子审美的不同态度。再利用这种信息不对称，引导美女做出异常的举动，便于进行恶意解读，进而引发激烈的矛盾冲突。

这样分析起来，要想识破郑袖的奸计，本也不难。

其一，事出反常必有妖。郑袖一贯奸诈狠毒，宫中必然有所传闻，可这次竟然一改常态，正常人都该格外提防，对她的话不能轻信。

其二，重要信息需谨慎求证。如果美女智商比较高的话，就该想到，楚王既然不喜欢我的鼻子，为何还对我宠爱有加？为何从来没有当面表露，反而去跟我的竞争对手私下说？在郑袖的一面之词之外，还有没有其他人、其他事加以佐证？这些不搞清楚，当然不该轻信郑袖。

其三，要建立沟通机制。就算听信了郑袖所言，也不妨碍美女给楚王吹吹枕边风，撒个娇也能把事情搞清楚。怕就怕信以为真，彻底放弃沟通，一条路走到黑。

我历来旗帜鲜明地反对年轻人学什么钩心斗角，当然，擦亮眼睛识别诡诈，保护自己，还是非常有必要的。

那么，如果遇到郑袖这样的奸诈小人，该如何防范呢？

第一，树立值得信任的形象，不给小人可乘之机。想想看，如果一个人平时一贯谨慎，与人为善，不轻易说三道四，工作也勤恳敬业，不挑挑拣拣，更不会随便耍脾气、使性子，这样的人，就算小人背后捣鬼、搬弄是非，上司和同事轻信的概率能有多大呢？

第二，建立沟通机制，保持与上司互信。职场上都讲究含蓄，就算得罪人，也不会拿到桌面上。客观上，这就给信息不对称制造了操作空间。所以，日常要保持适当警惕，关注异常信号，如果发现问题，及时通过汇报工作等各种方式委婉沟通，防止错情坐实，白白背锅。

第三，保持对竞争对手的警惕，不要轻信。

第四，培养独立判断能力，防止盲目跟风或听风是雨。实际上，只要有独立的思考能力，对接触的信息进行初筛，就能过滤大部分的虚假成分，后续再经过求证核实，就不容易上当受骗。这位美女不懂得社会上的很多事情，在心狠手辣的郑袖面前，只能落得如此惨烈的下场。

摆正位置才能说对话、做对事

齐国有个人叫田单，虽然跟齐王是亲戚，但平时不太来往，齐王也不记得有他这门子穷亲戚。

照他提拔晋升的这个速度，田单可能要在基层混到退休了。但不是有句话叫"乱世出英雄"吗？当时齐国就赶上乱世了，被燕国上将乐毅打得屁滚尿流，连丢70多座城池，打到今天的青岛即墨一带，再这样下去大家都得下海喂鱼了。祸不单行，当时齐国的一把手齐湣王也被奸臣杀了。堂堂大齐，群龙无首，已经到了亡国的边缘。

人们在手足无措之际想起了田单，这是正经的皇亲国戚，请他出来主持工作天经地义。别说，田单带兵打仗真是一把好手。他施展反间计，唆使燕国领导撤换乐毅，派来个没能力的人当统帅。后面又是一系列操作，硬生生地把齐国军民的士气鼓舞起来，火牛开道，大败敌军，把对方主帅的脑袋都砍了。接下来一

鼓作气，连续收复全部失地，拯救了整个齐国，真可谓挽狂澜于
既倒的典范。

仗打完了，问题也来了，接下来谁当一把手？

按理说，齐潜王虽然死于非命，但太子还在，应该子承父
业。但这齐国的江山，是我田单拼了命打回来的，冲锋陷阵的时
候你太子躲哪儿去了？再说了，你姓田，我也姓田，凭什么这江
山你能坐，我坐不得？

田单犹豫半天，心里不想把成果拱手让人，但又觉得自己根
基浅、底子薄，要夺权篡位，还真有点心虚。最后还是立了当时
的太子，是为齐襄王。田单自己担任相国，被封为安平君。

其实这才是真正的功高盖主啊。可以想象，年纪轻轻、靠继
承上位的新王对田单有多戒备，多不痛快。

果不其然，猜忌马上开始了。

有一天田单出去办事，看到一个老头儿刚刚游泳渡河，因为
衣服湿透，天气寒冷，在对岸冻得瑟瑟发抖，田单就把自己的衣
服脱下来送给老头儿。这件事很快被传为美谈。

齐襄王一听，忧心忡忡地对身边人说："田单这是在收买人
心啊，再不收拾他，后面他就该动手收拾我了。"

幸好，他身边的人是一个和事佬，宽慰齐襄王说："你看他
是下属，做好事也因为是你这个上司领导有方。不如你就借机会

表彰田单，这样既给了田单面子，又能把他的声望抢过来。"

齐襄王照此操作，果然老百姓都说："田单虽好，归根到底还是应该感谢齐襄王啊。"

田单得以善终，真是全靠人品好。如果齐王身边有个狠茬儿，田单的脑袋搬家是分分钟的事情。可见，田单这个人的情商不见得有多高，但人品好。在王权时代，皇帝不怕你能干，也不怕你懒惰，更不怕你贪财，最怕只有一条：谋权篡位。这才是王朝最大的政治，关系到自己的身家性命，一丝一毫都马虎不得。

怎样判断一个人的政治野心，或者说对王权的威胁大小呢？第一条：收买人心。你看田单，本来就是举国闻名，大家都知道江山是他拼回来的。如今他贵为相国，大权在握，富可敌国，还不满意？闲着没事，还把自己的衣服给素不相识的老百姓穿，这不是宣传自己吗？就算他没这个心思，客观上也起到了博取名誉的效果，照样危险至极！照这样下去，齐国老百姓只知道田单，不知道齐王，满以为朝廷的恩惠都是田单一个人的施舍，改朝换代还不是分分钟的事儿？

退一步说，如果田单真的是天性善良，真心想帮助穷困的人，而且必须拿自己的衣服送给别人才开心，他也完全可以以齐王的名义送。

现代社会，其实是不存在"功高盖主"这个概念的。但并不是说，作为下属就可以随意行事，不考虑个人身份、角色，不顾及领导和同事的感受。

比如，好多年轻人稍微做点儿工作，就怕别人来抢功劳，写个初稿就觉得这稿子是我的，加个班就想让别人都看在眼里，动不动就想把自己的功劳直通一把手，稍有点儿不如意就说这个不公平、那个不公平，动不动还耍脾气、甩脸子。

还有的年轻人对人事安排、单位发展规划等重大问题，在不恰当的场合随意发表不恰当的言论，不知道这样做有可能会影响公司的士气或者其他想不到的方面。

上面列举的这些现象，各方面的问题都有，但归根结底还是对自己职场角色的定位出现了偏差。从某种程度上说，是不知道在自己的职位上该说什么话、该做什么事。这是最常见，也是最容易被忽视、最容易惹来麻烦的一种现象。

这里提几条与"站位"有关的原则性建议，供年轻人参考。

第一，面对本部门以外的人，主要讲本人的手头工作，不轻易牵扯其他人和其他部门，更不要议论整个单位（特别是负面评价）。

第二，工作对部门负责。

第三，不要在不合适的场合议论规划、政策以及人事问题。

第四，克制急于表功的冲动。

总想说抱怨的话，可能因为看不清形势

《史记·李斯列传》开篇用寥寥73个字讲了一则故事，大意是，李斯年轻时在老家工作，有一次上厕所时，发现许多老鼠在粪坑里找吃的，浑身污浊不堪，瘦弱胆小，见人来了马上就四处逃窜；又去粮库里看，那里的老鼠却个个吃得毛色鲜亮、大肚便便，见了人都懒得躲。由此，李斯发现了人生真相：人这一辈子混成什么样，就好比这老鼠，关键是平台和层次啊。

两千多年后，我们为李斯复盘，不难发现他的敏锐过人之处。如果安于现状，在老家吃个俸禄，老婆孩子热炕头，周末闲暇时去打打猎，就算再怎么才华卓著，熬一辈子也只是个资深小吏，哪还有辅佐君王、一统天下、位极人臣的赫赫功绩？

有人说，小吏虽然不起眼，最起码能安稳地度过一生，李斯这么急功近利，最后不也是家破人亡、身首异处？确实，李斯的悲剧源于人性普遍具有的弱点，即过分看重名利，很难抗拒诱惑，这种性格驱使他背叛先主，自掘坟墓，但这已经与当初的平台选择无关。谁也不能保证，买对一张船票就能保一辈子平安。至于想要安稳地度过一生，其实普通人的生活在当时只会更加艰难，战火频仍，朝不保夕，饭碗都难以保全，哪里还谈得上安稳？李斯如果还是区区一名小吏，恐怕楚国灭亡时早就身首异处了。所以，背井离乡，敏锐地选择蒸蒸日上、展露王霸之气的秦国，是李斯实现一生成就的关键。

小周在某单位工作的时候，最头疼各种报表、材料，还有很多人打电话来催。特别是到年底，各种表格、总结、报告、事迹材料满天飞，不吃不喝也做不完。更让人气愤的是，很多材料重复报，报上去也没用，根本没人看，被丢在一边当废纸。时间长了，不禁要怀疑人生的意义。

而小周的上司年纪轻轻就颈椎病、腰椎病、胃病一样不落，神经性皮炎久治不愈，一遇到重要任务就发作，三十几岁头发就已经稀疏见白了。那时候，大家经常一边加班搞材料，一边在心里暗骂。直到小周通过考试离开了原来的朋友，从报材料的变成了收材料的，他也经常打电话下通知。

最开始那段时间，小周经常对着电话犯愁，因为他很清楚这通电话打出去，就算人家客客气气的，不敢说个"不"字，内心实际上是厌恶、鄙视，甚至嘲讽，背地里不知道怎么骂自己。办公室一堆堆材料，经常是随便翻一下，摘录几句就进了销毁袋，这每每让他负罪感油然而生。

有一次，上司又安排小周打电话，这回要的内容其实就在两个星期前刚刚报过的另一个材料里。小周也不知道哪里来的勇气，鬼使神差地就自作主张，放弃了打这个电话，自己连续两天加班到后半夜，把内容从旧材料里找了出来，报给了上级。但是，这却让他挨了职业生涯中最狠的一次责骂。

听小周说完原委，上司一愣，像是看到了怪物，关上门，把材料甩给他，说："你咋想的？你凭什么自作主张？这几个星期如果数据有变化，最后送到上司那里，出了问题你负责？你负得起吗？从上到下谁不辛苦？谁不是天天加班？大家辛辛苦苦地工作，出了差错一切都是白费，你想过没有？你还整天想着帮这个，帮那个，但是你从整体考虑过问题吗？赶紧回去，马上发通知，让他们明天中午下班前报过来，明天搞不完不要回家！"

从那以后，小周的心态变了。他开始意识到，在整个管理体系中，那些所谓的"不合理"的程序，更多的是管理体系的产物、必然的规律，有的也确实是他看问题的局限性造成的。

对于年轻人所陷入的困惑，我会帮他们分析现状，缓解他们的负面情绪，提出短期和长期的建议。但归根到底，只要不离开现有环境，再聪明的建议也只能缓解，而无法从根本上改变他们的境遇。要想彻底改变，只能不断提升自己的层次，这才是解决年轻人一切困惑的唯一的灵丹妙药。

当你奋斗到一定的位置，就会发现待遇会更有保障，圈子会大大拓展，生活品质会不知不觉提高，更关键的是，看问题会更懂得从全局出发，不会局限于自己狭隘的视野。

如果仔细想想，你还会发现和明白，处于不同的位置，付出和收益的"性价比"完全不同，而这恰恰是人才流动的主要驱动力。这是宏观层面上的规律。

所以，在我给年轻人的建议中，千条万条都少不了这一条：尽可能地跨越平台、提升层次，趁着年轻，让自己拥有更丰厚的人生资本。只要你年龄不大，都可以去拼一拼、试一试，各种考录、遴选、竞聘、调动的机会都不要放过，不要被男女朋友异地、大城市压力大、没钱买房诸如此类的小问题困住手脚。只要有一线希望，就要百倍努力，因为你的人生将因此完全不同。

当然，如果努力过，但因为机缘巧合无果，确实没有更好的选择，那就在现有岗位上努力拼搏，慢慢再找机会。失利并不可耻，放弃比赛才可耻。

看清形势再做事，真的很有用

莱昂纳多·迪卡普里奥主演的电影《华尔街之狼》中有这么一个情节：失业的股票经纪人贝尔福特（莱昂纳多饰）在便士股票①市场找到商机，拉来自己的一帮死党，准备大干一场。

在饭桌上，贝尔福特拿出一支笔，与街头混混布拉德一起唱双簧，演示什么叫作推销。

贝尔福特说："把这支笔卖给我。"

布拉德接过笔，若无其事地说："来，帮个忙，在纸巾上签个名给我。"

贝尔福特很满意，他总结了一句话："创造需求，让别人想要买这件东西。"

这句话，就是推销的本质，也是一切说服艺术的本质。

---

① 公司以低价发行，且具有高度投机性的股票。

很多人会不服气。这也太简单了吧？我凭什么给你签字？签字就签字，为什么要买你的笔，借用一下不行吗？你不借，餐馆服务员可以借。总之，这个理论不成立。这只是一个隐喻而已，没必要太过计较。但真要计较起来，这个例子恐怕还真站得住脚。原因很简单，人在消费过程中往往是不理性的。

所以我一直认为，说服的关键，其实不是言语和技巧，而是对人性的洞察，对顾客特性的把握。用大家最熟悉的词语来概括就是察言观色。

《战国策》记载了这么一个故事，荒诞又很好玩，关键是契合我们今天讨论的主题，史学家一般认为它属于正史当中的"戏说"。

话说，张仪带着自己的团队流浪到了楚国。楚国的一把手对他这种人看不上，招待算是招待了，但就是不给职位，待遇也跟不上。时间长了，张仪眼看就要揭不开锅了，他手下的人纷纷闹意见，要辞职另谋出路。张仪很生气：瞧你们这点儿出息！稍微受一点儿考验，就现出原形了。不就是吃喝差点儿、穿戴破旧了吗？你们等着，我马上去找楚王，富贵有何难？

张仪面见楚王说："您好呀，我到这里的时间也不短了，既然您瞧不上，我打算到晋国去，您有什么需要的东西吗？"

楚王根本不愿意搭理他，轻蔑地一笑："我大楚地大物博，黄金、珍珠、象牙、犀牛皮，要什么有什么。寡人还用去晋国代购？"

张仪嘿嘿一笑，说："大王呀，您难道不喜欢美女吗？晋国美女简直像是仙女下凡啊。"

楚王一听，马上来了精神："马上给张先生装两车珍珠、象牙，让他办事情用！"

张仪回去收拾行装，顺便把消息四处散布，搞得满城风雨，人人都知道他要去给楚王找美女。

南后和郑袖，一个是正宫娘娘，一个是最受宠幸的妃子，听到消息都吓坏了。晋国美女真那么漂亮，来了还有我们什么事儿啊？荣华富贵都取决于张仪这一趟了。她们赶紧找上门来，南后送了千金，郑袖也送了五百金，说的话都还特别客气："先生这趟劳苦，这点儿小钱给您买点儿饲料喂马。"

张仪精明得很，能不懂什么意思嘛。他马上笑纳，踱着方步来找楚王："您好，我马上就要去完成光荣使命了，不知道什么时候能回来，很想和您喝一杯告别酒，最好把两位夫人也请出来。"

楚王色迷心窍，对张仪言听计从，于是大摆宴席，把南后和郑袖一起叫出来给张仪送行。

张仪正大吃大喝，瞄了一眼，发现楚王的两位夫人出场，脸色大变，赶紧扑通跪到地上，连声叫道："死罪死罪！大王我有死罪呀！"

现场所有人都吓了一跳，楚王更是被整蒙了：你小子玩的哪一出？

张仪一脸惶恐，指着南后和郑袖说："我走遍天下，从没见过这样的绝世美人。居然还是两个！我还说要给您找美女呢，跟您两位夫人比，都不行啊。请大王饶我死罪！"

楚王心想，你耍我啊！是不是找死？正要发作，一看两位夫人杏眼圆睁，粉面含怒，马上怂了："哎呀，别当回事了，我本来就说嘛，全世界都没有能比得上她俩的！"

张仪这种做法，是典型的两头通吃，看起来荒诞，却着实蕴含不少策略。用我们前面讲的理论，张仪善于观察人性，准确把握住了顾客的需求，表演功夫也是一流。

其一，看准了楚王好色又惧内。

先说好色。金银财宝你不缺，可美色呢？看多了总有厌烦的时候，肯定是喜新厌旧，贪得无厌！我当然要瞄准你最大的弱点下手，勾起你最强烈的需求。色令智昏。

再说惧内。楚王这俩老婆都不是好惹的，虽然不敢和楚王当面顶撞，但背后使心眼的事情没少干。不少楚王看得上眼的美女，都被她俩提前想办法解决了。有时楚王是被蒙在鼓里，有时是无能为力。

其二，看准了两位夫人善妒。

对南后来说，有个郑袖已经很头疼了，万一来了更多的女人，她这个位子还坐不坐得稳？郑袖这个人，心狠手辣，嫉妒心强，一听到楚王又要去搜寻美女，她怎么可能坐视不理？既然南后和郑袖都心有戚戚，那就有操作的空间。

正是基于对这两方面情况的准确把握，张仪才能把这场大戏演成，两头通吃，全身而退，谁都抓不住他的把柄，白白赚了几车金银珠宝。

回到我们一直聚焦的职场话题，这两则故事，有现代的，有古代的，殊途同归，道理相融，对我们的沟通表达有什么启示呢？

其一，说服的前提是"信息占有"。

要说服某个人，首先要了解他，信息占有得越充分，解决问题的思路就越广，成功的概率也就越高。反过来说，如果两眼一抹黑，盲人骑瞎马，话说得再漂亮，也可能是拍到别人的马腿，搞成僵局，再难化解。

其二，说服的关键是"投其所好"。

要想说服别人，就必须准确把握对方的痛点和愉悦点，根据需要灵活出击，争取把话说到对方的心坎上，这样才能轻松解决，用一个成语描述，叫作"如汤沃雪"。

其三，说服的本质是互利共赢。

《华尔街之狼》的男主角贝尔福特无疑是说服天才，但他被贪欲裹挟，利用人们的发财心理，推销便士股票，玩弄监管规则，牟取暴利，醉生梦死。结果呢，还不是妻离子散，一切归零？

张仪骗了楚王和两位后宫妃嫔，可骗得了一时，怎么可能骗得了一世？诡计被戳穿之日，就是埋雷引爆之时。这样的事情做多了，处处是雷，怎么可能全身而退？

请大家一定记住，我反复讲过，情在事前，情为事用。沟通表达也好，说服劝解也好，任何技巧都是为谋事创业服务的。只有走正道、谋大事，才不至于沉溺于雕虫小技，走入歪门邪道，也才能把聪明才智发挥到最大化，从而成就一番真正的事业。

搞清楚情况，再把话说清楚

针对"请人帮忙"这个话题，总结了以下几条攻略：

一是不要轻易开口。千万别把求人帮忙不当回事。比如，微信群里随便拉人投票；朋友之间今天搭车，明天蹭饭，后天借200元；工作中遇到问题自己不先去学习了解，就找人瞎问个没完；自己网上就能挂的号，非要到群里喊一嗓了，问谁家有医院的关系。"求人不如求己"，把宝贵的求助机会留到最需要的时候，这是求人办事的第一法则。

二是自己先搞清楚状况。我还在工作的时候，有同学打电话请我帮忙："我妈到北京旅游，非常想去××里边看看，你朋友那么多，给帮忙找找人呗！"当时气得我都笑出声来了。

一般情况下，找人帮忙至少要把下面几个问题想清楚：这件事的基本情况如何？有没有可能办成？难点在什么地方？这个人有几分帮我的能力和把握？有没有更好的选择？对他可能会造成什么风险或者损失？想清楚这些事情，是沟通成功的前提。可别蒙头乱找、瞎求一气。

三是把话说清楚。信息不准确，会直接影响对方帮你的效果，甚至可能造成不可预测的风险。把话说清楚，是对对方负责，也是基本的道德义务。千万别为了让人帮忙，故意隐瞒事实、大事说小。这不仅是欺骗，甚至是坑人。

四是保持感恩的心。找人帮忙，能否帮到、帮到几分，都不是那个人能说了算，只要伸了手就有情分在里。千万别一不满意就翻脸无情、自断后路。感恩别人，不一定要请客送礼、塞钱塞物。特别是朋友之间，本来就是情感交流、有来有往。过年过节打个电话、对方遇到难处及时回馈，这都是感恩。

五是与优秀的人交朋友。这里的优秀，既包括能力出色，也包括品质优良。遇到难处时，前者会帮你轻松化解，后者会是你最可信赖的支援。人生路漫漫，你能走多远，主要取决于你的同行者。当然了，要想和优秀的人交朋友，首先自身要努力奋斗，争取让自己拥有足够的段位。

认清形势，低调做人

战国七雄里有个韩国。

韩国恰恰处在战国七雄的心脏位置。

韩国的尴尬在哪里呢？它地方小，实力弱，但是位处中央，战略地位极其重要，绝对是兵家必争之地。特别是韩国占据的上党地区，是秦国向东扩张的必经之地；距离赵国首都邯郸近在咫尺，所以赵国也很敏感；魏国更不用说了，它也占据上党地区的一部分，一直想对韩国下手。

这就好比在混乱的战国时期，一个手无缚鸡之力的人，抱了一兜金子，站在十字路口上。谁要是不上来抢一把、咬一口，就感觉对不起自己似的。

公元前314年，秦国伐韩，双方在今天河南长葛、禹州一带打起来了。以秦国的实力，韩国怎么可能挡得住？

韩王吓得不行，赶紧找人商量对策。

还不错，韩国相国叫公仲侈。他就提了一条：祸水南引。这话怎么讲？

秦国当时与楚国关系紧张，主要战略思路是向东再向南，打韩国不是目的，而是扫清伐楚的通道，属于万里长征第一步。

公仲侈就是看懂了这一条，说："让我去咸阳走一趟，通过张仪给秦王说点儿好话，咱们积极配合秦军行动，再额外送一座大城池给他。这样一来，秦国也没必要在咱们这里耽误时间，两家一起进攻楚国多好呢？"

韩王一听，连忙点头。

公仲侈刚刚动身，楚国那边就得到消息了。楚国有个谋士叫陈轸，能力水平在战国时代也是顶尖水平，马上就看清楚韩国的小算盘了。

陈轸就给楚王出点子："韩国这一招真的够黑啊，典型的为虎作伥，明目张胆捅我们刀子。但是呢，咱们不能急，急了就上当了。

"不如这样，第一，您发布全国总动员令，把动静闹大，放风说要举全国之力抗秦援韩；第二，您多派外交人员，带着猪牛羊和金银财宝，一股脑儿往韩国送，让韩王美滋滋、乐滋滋，相信我们是好朋友。

"这样做的好处有两个：其一，韩王收了好处，又听到我们大军前去救援的消息，肯定又骄傲起来。他胆子大了，也就不会再跟秦国穿一条裤子了。其二，秦王眼看着韩国背信弃义，说好的事情马上就反悔，分分钟要教韩王做人，这一仗还不知道打到什么年月，咱们也就安全了。"

果然，韩王听信了楚国的建议，马上就变卦了，连夜派人拦住公仲侈："你赶紧回来，咱们有救了，楚国给我们撑腰，咱们一起打秦国，我早就看西北狼不顺眼了，打他！"

公仲侈都要哭了："咱们跟楚国不是什么战略伙伴，从来没有一起打秦国的考虑，怎么能贸然相信他的谎言，去跟秦国掰手腕呢？"

自古以来，好良言难劝该死鬼，韩王贪财轻敌，钻进圈套里怎么可能轻易出来？最后果不其然，秦国大兵压境，在河南长葛一带把韩军打得落花流水，楚国的援军也没见到一个。

我经常讲"格局"二字，好多人觉得不好理解。其实很简单，就是八个字：不以物喜，不以己悲。

按这个标准看，韩王是典型的格局太小。危机来临，吓得惊慌失措、束手无策。危机稍有缓解，就旧态复萌、依然故我。军国大事、生死攸关，人家送点儿礼、吹捧一下、说几句好话，马上就不知今夕何夕。这种人最容易捡了芝麻丢西瓜、占小便宜吃大亏。

有人可能觉得，这么简单的骗局，韩王真的看不出来吗？你怎么能保证楚国会兑现承诺？最起码要派十万大军过来，算是打个包票吧？

其实韩王这样的人，才是绝大多数。虚假保健品，让你买你肯定不上当，但人家免费送给你试用，用完还给你做健康讲座、免费查体，你就上当了。搞传销，都知道是骗人的买卖，为什么进去以后就能洗脑成功？归根结底是他们成功发掘了你内心的贪欲，让你明知产品是假的、项目是假的，但就是相信自己能靠假的东西骗到所有人，然后轻松成为亿万富豪。互联网金融告诉你30天回本，一年翻10倍，你信不信？不信吧？即使不信你也会投个一两万试试运气，眼看前几次分红到账，你马上就信了，100万、1000万马上砸进去，最后血本无归。

假如你是韩王，一边是虎狼之秦，主动割地赔偿，还天天巴结你；另一边是态度温柔的楚国，不仅不要你的城池，还大张旗鼓要帮助你，接二连三地给你送礼。

你说你信哪个？这就是人性的弱点啊。

韩王真是白瞎了公仲侈这样的下属。公仲侈很清楚韩国四面都是强敌，只能夹缝求生、借力打力。秦国惹不起，那就主动贴上去，避其锋芒、以邻为壑，虽然解决不了根本问题，但最起码能苟延残喘，保留一线希望，或许明天会有奇迹发生呢？

再说陈轸，显然是够聪明的。面对楚国"躺枪"的危险，他不急不慌，看准了韩王的弱点，量身定制了分化瓦解方案，略施小计就把韩王骗得团团转，到最后自断后路、搬起石头砸自己的脚。

韩国是个弱国，弱者到底该如何求生存呢？

前面讲了格局，说白了就是站得高、看得远，既要防止眼前的灾祸，又要看到长远的风险，这样才能在其中游刃有余、趋利避害。

更具体地说，还有这么几条。

其一，要有自知之明。韩王之所以狗胆包天，除了楚国经济利益的刺激诱惑之外，关键是错判了力量对比。你明明是七国中实力最弱的，就算楚国出兵援助，你就能有恃无恐吗？就算帮了你这一次，秦国能善罢甘休吗？秦楚之间，如果非要你选边站，你选择强秦，还是弱楚？

工作多年以后，你会发现，像韩王这样不知道自己几斤几两人是很多的。明明毫无抗风险能力，却轻信别人一时的吹捧或者刻意的谎言，敢于招惹最大的是非，掺和最复杂的局面，到最后沦为工具或弃子，教训不可谓不深刻。

其二，正道才能护体。这边都派出公仲侈到咸阳去，连楚国都得到消息了，秦王能不知道吗？就算你们还没谈成，最起码他知道你的意向，说不定已经考虑给你一条生路。结果呢，你被楚国一忽悠马上就变卦，让秦王的面子往哪儿搁？史书上那句"秦果大怒"太传神了。就算本来没想针对你，这下子也必须除掉你了。

职场利益纠葛，不亚于战国混战争雄。没有抗风险能力的人，最好不要朝秦暮楚。

其三，认怂才活得久。公仲侈的方案，好就好在认怂。强敌当前，无力抵抗，只能选择认怂，也就换来了无限的可能性。如果不顾实力、盲目乐观，甚至骄傲过度，只能搞得"韩王弗听，遂绝和于秦"，只能导致"楚救不至，韩氏大败"的后果。

韩国生而为弱国，在混乱的战国时期确实很难活下去。就算认怂，就算精通战术，也不能保证能逆天改命。如果认怂也是死，"硬刚"也是死，最起码认怂可以活得久一点儿，用空间换时间，换来的是无限可能性。人活在世界上，活的不就是这点儿可能性吗？

人有一千种生存方法，第一种必然是别逞强，认清形势，低调做人。

远离抱怨、批评，做有职业精神的人

老师，您好！请问怎么才能不"judge"①？

最近意识到自己身上有个很大的缺点：本事不大，毛病不少。

我先定义一下"judge"，不是三观上的，这方面我超级包容。但是，以下事情会让我很抓狂，一点儿都不宽容。

一种是为了点儿私利就把公司利益远远甩在身后的油腻上司。

另一种是两面三刀，看不起随行服务人员（我）的客户。有一次去吃午饭，其他七八个客户都准备好出发

_____

① 什么都看不惯，喜欢点评指摘，论断别人。

了，就差那一个客户，我就没有等，让她自己导航去就餐地点。

我自己分析，这个问题的根源是大家三观不同。说好的正直呢，忠诚呢，善良呢？不能一切都向钱看齐啊！

我也知道人和人本不同，参差不齐才是美。不过说了那么多，以上在职场上还是得克服一下。求老师指点，如何调整心态，多谢！

这根本不是一个心态问题，而是阅历、思维方式、判断能力，特别是生命厚重的问题。

为什么年轻人容易犯这个毛病？因为太幼稚、太浅薄，见得太少、懂得太少，只记得真善美的口号，眼底连一碗水也装不下，无知的东西外溢，就是"judge"病。

就拿油腻上司这件事来说，公司是靠道德自律，还是经济利益驱动的呢？毫无疑问，每个人都有自己的小算盘，但最终服从于公司生存发展的大方向。服从程度如何，取决于公司治理体制是否成熟，老板对治理成本的考量如何。

比如一个职业经理人能力很强，每年给公司带来大笔创收，但经常爱占点小便宜，比如公司发礼品，他非要多要一点点。这时候老板是会敲打一下继续用呢，还是出于道德义愤把他赶走？

你是正气凛然的年轻人，这很好。现在你有两个选项。

其一，踏踏实实把工作做好，对得起老板给你的薪水，做一个独善其身的好人。这绝对值得敬佩，我们也希望你这样的人越来越多。

其二，扮演蝙蝠侠的角色，你看不惯谁，就把抓到他的证据，摆到老板甚至司法机关的桌面上，让他们受到应有的惩处。这样你就成了更可贵的行动者、改革者，我为你鼓掌叫好。

在这两个选项之外，有一个选项最愚蠢、最不着边际。那就是你目前的状态，这也看不惯，那也看不惯，整天戴着有色眼镜挑毛病，却没有能力改变任何事情，自己的工作搞得一般般，别人的优点和长处看不到、学不到，时间长了一事无成，只剩下道德优越感和满肚子负能量。

有时候人容易陷入幻觉。比如你会觉得，是因为某个客户看不起自己，两面三刀、事儿精又无缘无故迟到，这才导致你拒绝等她。

实际上，她的道德表现跟你的职业行为有关系吗？你的职业素质在哪里？你的任务是评头论足，还是把客户都照顾好，尽可能为公司多拉一张单子？对方迟到，从你的角度来看有没有可以反思的地方？如何避免下次再出现客户迟到的情况？如果对方因为你的举动而出现安全问题，你负得起这个责任吗？

看到了吗，在这件事上，其实你才是真正的"事儿多"，或许人家根本是无意的，把你这个小年轻得罪了。如果确实是这样，后续一切事情都开始失控，怎么办呢？

第一，先做好自己，再评判别人。

第二，遇事先冷静，不要轻易下结论，更不要站在道德制高点随意评判。

第三，职场首先讲究职业精神，一切高大上的精神追求都是建立在这个基础之上的，否则都是假大空。

第四，增加阅历，积累经验，只懂几个概念不足以谈人生。

除了能力之外，更重要的是你在什么层次

公周老师：

　　我今年刚毕业，目前在一家国企工作，属于逆潮流的施工行业。我所在的直属公司前几年才并入集团公司，属于集团公司四大子公司之一，正处于上升阶段，各个岗位都比较缺人，有一定的发展空间。目前虽然没有辞职的想法，在公司也有比较多的成长机会，但因为施工行业是逆潮流的，加上都是在荒山野岭工作，一个月只能回家四五天，对家庭肯定会有影响，所以我不得不考虑这个问题。想知道把自己的青春放在这里值不值得，想听听公周老师对这个问题的看法。

——星球背锅侠Zik

亲爱的Zik：

第一，职业选择千差万别，适合自己的才是最好的。关键要想清楚，你所希望的未来生活是怎样的。人人都希望十全十美，但总有优先级。想清楚两个问题：你目前阶段最想要的是什么？人生终极追求是哪个？一切重大人生选择，也就有了答案。

第二，年轻人会说，我也说不清楚、想不明白，或者什么都想要。现在看，这个梦实现不了。如果你只是单纯想不明白，也很正常，年轻人需要积累、体验、比较的过程。在这个过程中做什么？做最难的事情。比如，我也不知道自己喜欢什么，但拼命考上清华大学肯定不会错，这样等你想明白了，随时去做都有很多机会。

道理是一样的，如果你现在想不明白，那就不急于做决定，先把手头工作做好，而且给自己确定一个特别难的目标。比如你也说，目前单位发展机会比较多，那你能不能把握住呢？像切水果、抓红包一样，最多能拿到多少？正常发展如果是技术负责人，超常发展会不会是项目经理？那好，你就定个目标，五年之内做到公司中层。总之，就是定一个特别难、很多人不敢想的目标，然后去拼，竭尽全力，成败不论。

第三，社会有大潮流，你有自己的小趋势，你的小趋势也就是你的大潮流。对年轻人来说，最关键的发展任务就是提升层次。这个社会所有行业、所有岗位，关键指标都是这两个字：层次。不管你在商界，还是文体行业，你能跟什么样的人对话，决定了你在社会资源分配中的层级和方位。所以，有时候行业真的不那么重要，关键是你的层次在哪里。

第四，信息时代，其实地球的任何一个角落，都是与社会紧密连接的。这一点，完全不用担心。当你在荒无人烟的深山里挖隧道的时候，拍个抖音也能有百万粉丝。你说你比北京、上海格子间里的白领差在哪里？收入、资讯，还是社会层次、影响力？其实高到不知哪里去了。

第五，职业经历和发展层次需要一定的线性积累。所以你迷茫的时间也不能太长。眼前可以先走走看，但三五年之内必须有个清晰的判断，对目前的发展进度做个客观评估，对未来有一个比较准确的预判，然后最重要的是，想明白我说的两个关键问题。是去，是留，你会有自己的答案。你的青春值不值钱，取决于你多久想明白，然后积累的层次到哪里，所以不用提前开始顾影自怜。

第六，大家看长远、做规划，这都是对的，但过度放大焦虑，反而让你无法安心奋斗，过犹不及。所谓"退出"的能力，这个概念被炒得太花哨了，实际上很简单，就是我前面讲的"层次"两个字。只要你努力提高层次，跻身中层及以上，你就会发现自己从必然王国进入了自由王国，跳起来并不难。

比如，王石退了休，现在搞中东游学；罗永浩虽然把"锤子"搞砸了，可他跨界却能自带流量，拉来大笔资金和人马。这些说明什么？说明层次很重要。

所以准确地说，要想拥有随时离开的自由，关键除了能力，还有层次，以及由此伴生的资源。作为一个普通员工，就算辞职换个单位，你不还是个打工的吗？你做到了有影响力的公司中高层，再换个单位也很容易成为中高层。

最后，总结一下。边工作边琢磨，30岁之前想明白自己想干啥。有了目标就好办。然后做什么？努力提高层次。这是一切一切的关键。

第四章

掌控做事密码，
迅速实现人生突围

做人，最终还是要靠实力说话。你是
千里马，自然会有伯乐看中；你伪装成千里
马，装得了一时，装不了一世。掌控做事密
码，你就能成为有实力的人。

为什么不能一味迎合

经常听人说，××这个人太没有底线了，千万别和他打交道。

战国时代，韩、赵、魏三家缔结了友好互助条约：一方有难，可以请求盟友武装支援。这不，赵国就遇到麻烦了。

北边有个中山国，土地不大，人口也不多，但血统上属于北方戎狄，野蛮强悍，战斗力一流。这帮人整天蠢蠢欲动，经常骚扰南边紧邻的赵国。赵国自己搞不定，派人到魏国求援，许诺拿一大块土地作为报酬。当时魏国的掌门是魏文侯，听说有好处，赶忙派本国名将乐羊领兵讨伐中山国。

中山国虽然综合实力弱，但军事力量强，单兵战斗力强，让魏国大军吃了不少苦头。乐羊只好耐住性子，稳扎稳打，整整磨了三年，总算看到曙光。

其实，这三年中，乐羊的内心是极度煎熬的。一方面，是仗打得窝囊，迟迟不能得胜回国；另一方面，是他亲生儿子恰好在中山国当将领——说句不好听的，就是人质。

魏文侯那里，其实早就有人"上眼药"了："咱们大国军威，扫平区区一个中山国，岂不是手到擒来？居然三年还没拿下，很显然是乐羊在里面磨洋工啊，不就是怕儿子有闪失嘛！这种人带兵，咱能信得过吗？"

恰好这时候，中山国那边也坐不住了，眼看魏国大军步步紧逼，就一声令下把乐羊的大公子剁成肉酱，做成肉丸子汤，专门给乐羊送去一碗。

乐羊一看，居然面不改色，坐在中军帐中，一勺一勺把肉汤吃了个干净。中山国一看，虎毒不食子，这人简直是禽兽啊，彻底怂了，很快被破城灭国。

前线传来捷报，魏文侯很感动，对身边的人说："哎呀，乐羊竟然为了我，吃掉了亲生儿子的肉（真是忠臣啊）。"

旁边的人马上来了一句："儿子的肉都敢吃，谁的肉不敢吃？"

这一刀补得太狠了。魏文侯听了，吓出一身冷汗：哪天别把我也剁成肉酱做汤啊。结果，乐羊班师回朝，魏文侯论功行赏，但从此对乐羊起了疑心，再也没有重用。

必须承认，这里面有阴谋。乐羊的儿子在中山国带兵，在战场上杀掉了当时魏相翟璜的儿子翟靖，而恰恰是翟璜极力推荐乐羊出任这次魏军主帅。很显然，翟璜是想借刀杀人、公报私仇。乐羊此次出征，如果获胜，其子必死；如果完败，本人必死。对乐羊来说，这是一步死棋。

但再怎么说，乐羊也是存在问题的。明知道这是死棋，为什么还要入套？提前把情况给上司报告清楚也好啊，还不是为了战功，想升官发财。退一万步说，这一仗眼看你都胜券在握了，敌人如果垂死挣扎，要杀掉你儿子，正好打出悲情牌，国恨家仇一起报了，各种谣言自然迎刃而解，根本犯不上喝下这碗灭绝人性的肉汤啊。

同样的时代，同样的问题，其实还有另外的解决方法。解决方法不同，结果完全不同。

齐威王，如雷贯耳，《田忌赛马》《邹忌讽齐王纳谏》这些中小学课本名篇中的主角都是他。齐威王早年是个纨绔子弟，不务正业，后来被人一通开导，幡然醒悟，竟然修成一代明主。他烹杀佞臣和小人，根据功绩和治理效果奖励提拔地方干部。文有邹忌，武有匡章，谋有孙膑，齐国国力迅速增强，在马陵之战中大败魏军，逼庞涓自杀，威震天下。他还重视文教，设立的稷下学宫，堪称世界上最早的高等学府。我们要讲的故事，就与他的爱将匡章有关。

公元前323年，秦国入侵齐国，齐威王派匡章担任主帅，带军迎敌。匡章用了一招浑水摸鱼，改换秦国旗帜，派部分士兵伪装成秦兵，渗透进敌方阵营，想要制造混乱后里应外合，彻底击溃秦兵。

消息传到都城，齐威王身边的人就开始"碎碎念"了："王上，您看这匡章明显是要造反啊，旗帜都换了，部队叛逃也没人管，估计马上就要倒戈了。"

一个人说，齐威王一笑了之；两个人说，齐威王默不作声；三个人说，齐威王说话了："我给你们讲个故事吧。匡章的母亲，因为做错事，被他父亲杀掉了，就埋在家里的马厩下，以示永远不得翻身。出征前，我专门对匡章说：'等你得胜归来，我做主重新安葬你的母亲。'这是恩宠之心。谁知道，匡章拒绝了我的好意。他说：'父亲明令如此，如今他已经去世，我怎敢违背他的心意呢？'你看，他连死人都不肯背叛，何况是我呢？"

这时，捷报传来，齐军大破秦军，秦国主动求降称臣，此后20多年不敢再犯。

面对上司主动关心，很多人往往顺水推舟，避免上司对自己产生疑虑。可匡章还是老老实实地说了实话，把内心的真实想法说了出来，从而赢得了上司的信任。可能有人会说，这人也是禽兽啊，如此不孝！实际上，那个时代，父权崇高，夫权生杀予夺，尊重这两种权力，才是符合当时价值观的"孝"。

很显然，在个人前途与人伦孝道之间，匡章选择了后者。也恰恰因为这一点，齐威王对他深信不疑，不仅防止了战役在关键节点功亏一篑，更避免了功成主疑、兔死狗烹的下场。

试想，如果匡章一味逢迎上司，虽然当时齐威王会很舒服，但后续面对三人成虎的猜忌和诋毁时呢？或许有人就会说这样的话："你看，匡章连他的父亲都敢背叛，何况王上您呢？"齐威王就算再英明，会轻易放过他吗？

在今天的职场中，服从安排、尊重上司，工作中就算有不同意见，也要顾全大局，这是身为下属，特别是年轻人的基本职业素养。可有些人，为了讨上司欢心，无底线地迎合上司，不知不觉中就犯了大忌，结果机关算尽太聪明，反误了卿卿前途。

小伙子K，头脑聪明，口舌生风，30岁出头就练得八面玲珑，对上司百般逢迎，对一般人也是笑脸相迎，让你说不出什么不对，却能实实在在地感受到距离和隔阂。

按理说，这样的人总能如鱼得水，左右逢源，可上司调整后没多久，他就"失宠"了。很久以后，才听新上司身边的人说，原因很简单，他在与上司沟通时，说了很多前任领导的负面情况，还夹带了一些个人评论，引起了新上司的警惕。进一步了解了他的口碑后，新上司果断把他从办公室调到了边缘部门。K自以为聪明，却在不知不觉中触及了新上司的敏感区，被永久贴上了"不可用"的标签。

从小处说，大家要吸取教训，对任何人和事表达负面意见时，一定要格外小心，千万不要随便爆料，特别是那种从私人场合闲聊中听来的消息，否则新同事听了，笑过之余，对你也会多一分警惕和不安全感。

从大处说，面对上司的工作安排和指令，服从是原则，异议是例外。在涉及重大的原则性问题时，一定要坚持重大原则。

死棋是怎么下活的

经常有人问：你怎么老是教人说话要委婉啊，动脑筋啊，说话做事讲艺术啊，避免得罪人啊，这样把人都憋屈死了。为什么不能活得潇洒一点儿？

讲个故事吧。

战国时的楚国，千乘之国，带甲百万，独霸长江流域，绝对是一个强国。江山交到楚怀王手里，初期表现也还可以，但后半段，内宠郑袖，外宠靳尚，内政外交一塌糊涂，经常干些占小便宜吃大亏的事，让人薅着衣服领子打耳光，一点儿还手之力都没有。先后把太子送到秦、齐当人质，然后自己又被秦昭王以会盟为名骗到咸阳，勒令割地赔款。

愚蠢归愚蠢，但骨气还有一点儿，楚怀王严词拒绝秦国的野蛮要求，还曾经尝试越狱；到赵国寻求避难被拒绝，又想去魏国，半路就被秦兵"老鹰抓小鸡"了。

楚国的大臣也是够没良心的，眼看楚怀王被人绑票，也不考虑兴师问罪，直接就开始琢磨接班人是谁了——派人到齐国谎称楚王薨了，请太子熊横回国即位。

齐湣王一看，这竹杠不敲白不敲啊。他要求楚国把靠近边境的方圆五百里土地割让给齐国，不然熊横就别想要王位了。

方圆五百里是个啥概念？换算一下接近五万平方公里啊，相当于现在近两个比利时的国土面积了。

熊横又急又气，但实在没有办法，只好同意签署不平等条约。很快，熊横即位，史称楚襄王。

齐国一看时机到了，马上派兵来，气势汹汹地追讨地盘。

楚襄王愁死了，屋漏偏逢连夜雨，打又打不过，还能怎么办呢？问问手下的大臣吧。

第一个出场的是上柱国子良。子良义正辞严道："大王应该给啊，既然说了话就得算数。我的意见是先给他，兑现承诺，再发兵攻打，维护主权！"

第二个出场的是昭常，也是个熟悉军事业务的人。他态度完全相反："坚决不能给！割掉一半土地给楚国，咱们这大国地位就是个空壳了，以后在诸国间还怎么混？我愿意领兵保家卫国！"

第三个出场的是景鲤，负责楚国日常工作。这个层次的干部，自然是有水平的。他先表明态度：肯定不能给。但是呢，不给会有两个问题：其一，答应人家了，又反悔，不符合江湖道义；其二，人家不高兴要打起来，咱们又打不过。要不这样，领导你派我去秦国走一趟，我把这两个问题都解决。

楚襄王一听，各有各的主意，最后的决策还得把老师慎子请来。

慎子来了，基本情况一听，微微一笑："大王，三个计策都很好，不妨并驾齐驱。既然子良的意见是认怂，那就派他当外交使团团长，拿着地图到齐国去献地；子良出发后的第二天，再任命昭常为大司马，统帅大军到边境去防守；昭常出发的第二天，再派景鲤带队到秦国去请求外援。"

楚襄王一开始还不理解，听完仿佛明白了什么，依计行事。

果然，子良与齐国交割完毕，齐国军队就要接管防务了。没想到，昭常已经带兵严阵以待，还放出话来：国家派我守护地盘，人地共存亡！我们来了30余万人，虽然说武器不好，人员不齐，但兔子急了还咬人呢。你如要来抢地盘，我们就决一死战！

齐潜王气坏了，叫子良来质问："咋回事，出尔反尔？还想不想活命了？"

子良一脸真诚："假的，绝对是假传圣旨！楚王派我来献地，怎么会反悔呢？您直接派兵吧！"

没想到，齐国大军还没赶到楚国地盘上，秦国已经派出50万大军东进，直接下了最后通牒："你们齐国还是个大国呢，当初劫持人家太子，趁人家里办丧事敲竹杠，这叫不仁；现在又强迫人家履行不平等条约，这叫不义。你们还要不要脸？赶紧滚回老家去，要不然就让你们尝尝我们大秦铁拳的威力！"

齐王吓坏了，马上觍着脸请子良到楚、秦两国说和。最终不费一兵一卒，楚国度过了这次劫难。

看完这故事，我最大的感触是四个字：惟楚有材。

国家都衰败到这个地步了，其干部队伍的平均水平，仍然很强啊。

表现最突出的就是王师慎子，水平非常之高。当初太子在齐国被敲竹杠，这不平等条约到底签不签？人为刀俎、我为鱼肉，签肯定是要签，但聪明的下属肯定不能只说签，还要给上司一个恰当的说辞，让上司体体面面地下台阶。所以慎子说："爱惜土地，而不给父亲送葬，讲不通道理，所以说献地比较好。"

你看，完全不提太子被扣留拘押，如果不签不平等条约，王位就拿不到、人身安全也无法保障的尴尬现实，而是找了一个更容易摆上台面的理由：您是着急赶回去给父亲送葬。

这是最优秀的答案了。

后面建议楚襄王征求下属意见，综合三种不同观点，兼收并蓄，用其所长，起到了力挽狂澜、化腐朽为神奇的作用。这种发散思维、操盘能力，不逊色于古今中外的名臣。

再说其他几个管理层，他们个顶个的强，一个饭桶都没有。有的照顾诸侯国间的影响，有的主张军事反抗，有的寻求外国干预，都是站在国家利益的角度，而且都能头头是道、自圆其说。

更难能可贵的是，自己的意见，能带头去落实；上司交办的任务，都能临危受命、不辱使命，不折不扣地去完成。

要有发散性、创造性思维。楚太子回国登基，面对的是国破家亡的凄惨局面：前面被迫签下的条约要兑现，不然齐国惹不起；本国实力不够，打又打不过；秦国虽然强大，却也是虎视眈眈，根本靠不住。看起来进退维谷、步步是雷。

可这一盘死棋，居然硬生生被慎子走活，靠的就是发散性思维。

一般认为，两军对垒，要么战，要么和，没有第三条路线。可慎子的方案是又战、又和、又引入第三方力量，这就照顾到道义立场、本国实力和各诸侯国关系三个层面，相互作用，发挥奇效，让人拍案叫绝。

联想到今天的职场，当你遇到进退两难的要求时，能不能先当面应承下来，避免正面冲突，而后再想办法，找机会消弭于无形呢？

　　当你还处于"食物链"的最底层，没有任何抗风险能力的时候，要不要谦虚一点、低调一点，多些忍耐，等你"成龙成虎"，再做回自己也不迟？

　　当你陷入一筹莫展的矛盾中，能不能开动脑筋、发散思维，尽可能弹好钢琴①，兼顾各方利益，来个借力打力？

　　弱者求生、强弩易折，胜利永远属于默默成长的智慧之人。

---

① 意指抓紧中心工作，又要围绕中心工作而同时开展其他方面的工作。

方法对了，你就不用那么累

前几天，我的读者社群里有个人诉苦："我在周围同龄人中是最早被提拔的，这本来是好事，可现在我简直累死了。老人懒洋洋，新人毛躁躁，同龄人只会做表面功夫，好容易哄着赶着干点儿事情吧，这帮人能力也实在是弱。

"搞个汇报，轻重详略根本没有概念；写个方案，我看完还要推倒重来；文稿质量稀烂，改来改去还不如我自己上手；办会连个茶水都不会倒。从来没有能让我放心的时候。

"我整天忙忙碌碌，鸡飞狗跳，还不讨好。你说我图个啥？"

我先讲个故事，战国时代，魏文侯能力强、作风硬，知人善任，励精图治，手下聚集了一大批优秀的人。历史上的著名人物，比如变法的李悝、治邺的西门豹、为士兵吮疮舐血的名将吴起，都出自他的手下。

有一天，魏文侯与下属兼老师田子方一起喝酒，旁边有乐队敲敲打打。魏文侯耳朵比较敏锐，顺嘴就说："不对啊，编钟音调不齐，左边偏高一点儿。"

田子方听了，冷笑不搭腔。等魏文侯好奇发问，他才慢悠悠地说："我听说，管理者掌握演奏者的水平高低就行了，不必对音乐本身有多专业。现在，您对音调高低都这么关注，恐怕对演奏者就不那么知人善用了。"

魏文侯听完，忍着尴尬，只说了一个字："善。"

有没有发现，当领导也不容易。随口一句话，被较真者抓住，就开始夹七夹八教训你，吃顿饭的工夫都不安生，心情糟透了有没有！就算这样，你还要露出尴尬而不失礼貌的微笑，生怕对方再给你戴上刚愎自用、排斥谏言的"帽子"，简直太惨了。

但道理还是对的。当管理者，关键是管全局、把方向、用对人，具体事情不要太过计较，否则一定是舍本逐末、南辕北辙。

所以我给那位诉苦者答复了两句话：

第一，很同情你。

第二，你活该啊。

先说心态。

你手下这帮人，新人缺乏经验，能力需要锻炼，自然不如你周密，这很正常；老人不影响你就不错了。

再说方法。

年轻人不懂，你要想办法把他教会，文稿多磨几遍，表达多给机会，办事多加历练，就算出点儿纰漏，天就塌下来了？磨刀不误砍柴工，把他练出来，你自然就轻松了。

对于老人，平常多尊重，遇事多商量，给足面子，树立威信，遇到事情人家也不好意思站着看热闹。对这些人，尊重、忍让是基本的，更关键的，还是要让他们有盼头。要给他们露脸的机会，遇到提拔晋级的机会，你得主动想着他们，经常给点儿甜头。时间长了，他们也就没心思对你有敌对情绪了。将来有合适的机会推荐他们到其他部门任职，他们成佛高兴，你送佛高兴，皆大欢喜。

有人可能会说，我们工作压力大，任务重，稍有耽搁就挨上司骂，根本没时间琢磨这么多，只能自己上。

其实，就算在这种极端情况下，也是有工作技巧的。给你三条建议。

其一，乱仗乱打。既然打乱仗，也顾不上身份了。工作来了，包干到人头，谁捅了娄子谁负责。你完成工作，我看一眼，只要没有低级错误，马上就交工。责任自负，我绝不给你改一个字。过了这个节骨眼，稍微宽松下来了，我再给大家集中回顾一下这段时间的工作情况，该提点提点，该纠正纠正，为下次战役做准备。

其二，抓大放小。每天事情再多，最要紧的肯定不超过五件。比如公司层面关注的、上级催缴的、每日必报的，这些都要打起精神紧抓快办。但其他很多杂事、琐事，就看你怎么去摆布了。

其三，情在事前。我们常说"事情"，好多人以为把事做好了，就万事大吉，其实，"情"才是关键。当了管理者，一定要把关系沟通放在重要日程上，平时多接触、多交往，遇到事情多给别人帮助，朋友多了事情才好办。很多新管理者吃亏，就吃亏在这里。

不能太爱惜"名声"，要实干

齐、燕两国历来矛盾摩擦不断。齐国势力大，经常欺负燕国，有些事做得确实很过分。

比如公元前333年，燕文公去世，燕易王继位。这边丧事还没办完呢，齐宣王就出兵趁火打劫，攻占了燕国十座城池。

燕易王刚上台，内外交困，一堆烂摊子。让人欺负到头上，生气是真生气，可打又打不过，怎么办呢？死马当作活马医吧，当时苏秦在燕国游说，干脆派他去斡旋。

本来没抱希望，空口白话就想把人家吃到嘴里的肉吐出来，想想都觉得不现实。谁知道，苏秦这张嘴还真厉害，去了打出燕易王老岳父秦王的招牌（秦王把女儿嫁给燕易王，算得上岳父和女婿的关系），连哄带吓唬，居然把齐王说通了，不费一兵一卒就把十座城池要了回来。

毫无疑问，这是大功一件。

可苏秦在齐国立功，还没回到燕国来呢，就有人出于嫉妒开始说苏秦坏话了。

你不是能力强、功劳大吗，我就说你道德品行有问题，政治上靠不住（苏秦是出了名的言而无信、朝三暮四）。您提拔重用这样的人，岂不是与小人为伍？我们担心影响咱们大燕国的威名啊。

这话管用了。苏秦回到燕国，不仅没有受到锣鼓喧天的夹道欢迎，甚至连个人影都没看到，就更别说加官晋爵了。同事们看他像陌生人，燕易王也不再给他安排工作，完全把他晾了起来。

苏秦多聪明啊，一看这架势不对，马上猜到了八九分，主动去找燕易王汇报工作，上来就直奔主题："大王啊，当初我只是个草根出身，半点功劳没有，您亲自到郊区迎接我，安排我担任重要职务。我也想知恩图报，这下帮您出使齐国，要回来十座城池，也算是护国有功吧，可您对我这个态度，显然是听信了某些人的谗言。我刚立了功劳，能力肯定没问题，估计只能拿我的道德操守说事儿了。可大王您有没有想过，如果我是个道德楷模，还能为您办事这么得力吗？"

燕王不以为然："当然可以啊，有道德、有能力才对嘛。"

苏秦不紧不慢地开始讲道理："比如曾参特别孝顺，伺候父母一天也不敢离家外宿，他怎么能帮您出使齐国呢？有个叫尾生的人，跟人相亲谈对象，约好在桥下见面，结果对方没来。河水暴涨，他就抱着桥柱，活活淹死了。这种死心眼的人，怎么能给您办成大事呢？这些人貌似是守规矩，实际上都是因循守旧、不懂变通的典型，说到底都是为了成就自己的名声、不思进取罢了。如今我积极为您奔走，大王却与我产生嫌隙，真是越忠信越容易得罪您啊。"

燕王有些被说动了，嘴上还是不服软，反问道："忠信还有什么错吗？"

苏秦一声叹息："给您讲个故事吧。从前，我们老家有个邻居，男主人离家去当官，老婆在家跟人勾搭在一起。突然有一天，男主人让人报信说要回家来了，奸夫就很惶恐。这个老婆心肠狠毒，直接就说别怕，我已经给他准备好药酒了，回来以后就地解决。

"过了几天，男主人果然回来了，这狠毒婆娘就让小丫鬟把药酒端出来给他喝。小丫鬟很为难啊，端上去就成了帮凶，把男主人毒杀了；如果吐露真相，女主人又活不了。想来想去，只好装作不小心，把酒洒到地上了。男主人一看，气得把小丫鬟暴打一顿。

"大王你看，做下属很难啊，明明是忠心做好事，最后还挨顿打。这不就跟我现在的处境一样吗？今天我受点儿委屈真不算啥，可将来传出去，谁还敢为您忠心耿耿地服务呢？"

《战国策》没有记载燕易王的反应，但从后续史实看，显然燕易王接纳了苏秦的说法，君臣重归于好。

《战国策》中的故事那么多，这是使我印象最深刻的一篇，好就好在点出了道德操守与实干能力的辩证关系。换言之，职场人到底应该首先注重死规矩，还是首先把事情办成？

必须说，苏秦的自辩娓娓道来、逻辑严谨、事例生动、说服力很强。他的核心观点有三条。

其一，职场重实际，忌空谈。出使外国，服务的是本国君王，代表的是国家利益，必须据理力争、灵活应变，靠唇枪舌剑说服对方，最大限度地在外交战场上取胜。把事情办成，就是对君王最大的忠诚，也是最重要的道德操守。反过来说，如果片面强调说真话、守诺言这些一般意义上的道德约束，只能步步退缩、受制于人，根本无法在复杂的博弈中求生存。

以苏秦出使齐国为例，他对齐王大谈秦燕的盟友关系，暗示如果齐王不归还城池，秦国会出兵干预；然后又进行拉拢，许诺齐王归还城池以后，秦燕两国都会唯命是从，帮助齐国完成霸业。这一吓一诱惑，完全是苏秦现场发挥的话术，根本没有现实支撑。如果按照一般的道德标准，这显然是信口雌黄、鬼话连篇。但从弱国求生的角度，也只有这样的利害分析，才可能会对齐王造成冲击，进而达到夺回城池的目的。如果换个道德楷模当使者，燕国还能要回城池吗？

其二，私德为私，有损公义。担任公职、为国效力，首先要"公"字当头，把个人融入集体和国家语境之中，舍身为国，有公无己。只有这样，才能最大限度地发挥个人才干，为国家利益做出应有的贡献。如果斤斤计较个人名誉、利害得失，过分"爱惜羽毛"，只会犹豫不定、畏首畏尾，最终只能是成就了个人虚名，断送了职责使命。苏秦举的几个例子，恰如其分。像曾参这样严守孝道的人，眼里只有自己的父母，自然寸步不离、朝夕侍奉。可如果国破山河碎，别人家都妻离子散、孤苦伶仃，曾参是否愿意为国奔走、拯救万民呢？恐怕很难。自古忠孝难两全，选择了忠于公义，必然要有损孝道，曾参这样的道德家能接受吗？所以说，如果职场人热衷于学习曾参这样的私德楷模，工作起来也很难专心投入，在面临抉择考验时，很可能是靠不住的。

其三，忠心为公，也可能被误解。苏秦讲的那个故事，估计是随口编的，但非常贴切，足以说明为人臣者进退两难的尴尬处境。要为国尽忠，就经常需要委曲求全，采取一些不为人理解的非常手段。可自己在前线拼杀，挡不住领导身边人的诋毁诬陷。谗言容易进，解释辩白可就难了。自古多少忠臣良将，兔死狗烹、鸟尽弓藏，说到底都是因为君主猜忌啊。

苏秦这番话，有情有理，入木三分，可见其应变能力和口头表达能力都是超一流水准。都说纵横家全凭一张嘴翻云覆雨，可实际上，没有过硬的能力还真是吃不了这碗饭。

回到今天的职场语境，苏秦的这番论述仍然很有启发。

这种表述所针对的，恰恰就是只讲空谈、不办实事，只顾个人虚名，不管责任担当，结果就是在其职而不作为，敷衍塞责，甚至刻意纵容、养虎为患。这与当年苏秦批评的现象如出一辙。这样的人就算声望再高，都很难靠得住。身在职场，首先要讲职业道德，最大的职业道德就是忠诚尽责。抛开职业道德，过分关注个人虚名，只能是舍本逐末。

当然话说回来，强调职业操守，并不意味着个人品德不重要，一个品行卑劣的人，恐怕工作表现也好不到哪里去。对家庭不忠诚、对父母不尊重的人，往往极端自私自利，工作上也不可能有什么牺牲奉献精神。

区分私德与公义，关键还是要准确把握职务行为和个人行为的区别。职务行为讲职业道德，超脱于个人品行之上，不妨学习苏秦的务实能干，把事情办成办好再讲话；个人行为讲社会公德，仁义礼智信缺一不可，这方面学学古往今来的道德楷模。说实话、办实事，当个人品可靠的实在人，才是普通人的最佳选择。

"站台"① 与自我营销

《战国策》记载了这样一个小故事。

公元前314年，燕王哙去世，趁燕国上下大办丧事之机，齐宣王出兵趁火打劫。新上台的燕昭王没办法，只好派苏秦的弟弟苏代到齐国斡旋。

苏代是个聪明人，可再聪明也犯了愁，自己手卜没牌可打啊。

论实力，齐国是东方霸主，比燕国实力强得不是一星半点。所谓弱国无外交，这路子怎么蹚？

论时运，国丧期间、人心浮动，经不起大的折腾，齐国就是看准了这一点才骑到燕国脖子上的。就算说点儿"玉石俱焚""你死我活"之类的狠话，也没底气。

---

① 在造势大会上演说来拉票，这里是指帮腔、鼓吹。

为完成这次外交斡旋，苏代还是煞费苦心，进行了热场活动。

经过深思熟虑，他选择了齐国出了名的聪明人——淳于髡。

在其他文章中咱们也介绍过，淳于髡是个典型的"凤凰男"，身材矮小，其貌不扬，一个"髡"字暴露了他的出身和阶层。因为家里穷，到齐国当了上门女婿。

可就是这么个又矮又丑的人，却拥有一颗智商超群的大脑。他在齐威王创办的稷下学宫担任学士，一边搞研究，一边参与政务，先后辅佐多位齐国君主，多次代表国家出使未曾受辱，成为齐国响当当的精英名士，说话很有影响力。

苏代找到淳于髡，上来就是一番劝说："先生，请允许我给您讲个故事。从前，有个马贩子，连续三天站在集市上叫卖，可自家这匹马总是无人问津。为什么呢？因为他叫价那么高，可是他的马看起来平平无奇。

"马贩子想来想去，去找著名相马专家伯乐，说伯乐老师咱们合作一次行吗？明天赶集，您走到我旁边，围着马转一圈，一声不吭就行，临走回头再瞅一眼。这就可以了，我给您算一天的劳务费。

"伯乐欣然答应，第二天按约定操作，神奇的事情发生了。一个早上的时间，这匹马的价格居然翻了十倍！"

讲到这里，苏代顿了顿，嘿嘿一笑："先生，我打算带着千里马去拜见齐王，只可惜没有人引荐，您有没有兴趣当我的伯乐？我这里有白璧一双、黄金千镒，权当给您的劳务费了。"

毕竟是穷惯了，早就靠当上门女婿实现财富自由的淳于髡，还是经不住财富的诱惑，一看金银珠宝眼睛都直了，来了一句："谨闻命矣。"

然后他亲自进宫，把苏代捧上了天。苏代随后觐见，果然大受齐王重视。

要不说苏代是聪明人，他这一手借人抬轿子的手法，运用得炉火纯青。伯乐收钱替人"站台"的故事，我们无从考证真伪。但苏代借助淳于髡在齐王那里引荐、铺垫、夸奖，并最终成功完成外交斡旋任务，是《战国策》这样的正规史料足以证实的。

苏代讲的故事中，这位商人在集市上白白站了几天，马匹无人问津。有几种原因？

其一，马是劣马，毛色杂乱、体型瘦弱，一看就不靠谱。

其二，卖马的人太多，竞品相似度太高，买家的关注力被严重分散了。

其三，马是千里马，但一般消费者看不懂，价格又比较高，难以与低价的一般品种竞争。

这三种原因，首先可以排除第一种。劣马急于脱手，商人首先会选择低价战术。既然连续几天无人问津，不仅没选择降价，反而花钱去找伯乐，充分说明这匹马明显劣质的可能性很小。否则，就算找到伯乐，伯乐也不可能同意帮忙，以免砸了自己的招牌。就算伯乐见钱眼开，一目了然的事情，消费者也不会轻易上当。

那么剩下两种可能：竞品太多，人不识货。要想把马成功卖出去，就要解决这两个问题。答案来了，那就是请伯乐代言。

其一，整个集市待售的马匹成百上千，但伯乐只有一个。商人请伯乐作为独家代言人，立刻就让这匹马成为舆论关注的焦点，具有了独一无二的流量属性，竞品再多都不怕。

其二，伯乐是著名相马专家，业界灵魂人物。能让伯乐驻足观看，临走还恋恋不舍的，必然不是劣马，也不可能是寻常之马，要么性价比极高，要么就是千里名驹。换句话说，伯乐的出现，解决了识货问题。你不识货没关系，你认识伯乐、相信伯乐的眼光就可以了。

有人可能问：假如真的是劣马，伯乐收了黑钱，以次充好呢？其实道理很简单，如果质量有问题，伯乐第一个不会答应。因为集市是完全开放自由的环境，他引流过来，面对的是几百、几千双眼睛的关注。如果马匹名不副实，或有明显问题，伯乐当场就会被骂得体无完肤，专家的牌子分分钟就会被砸个稀巴烂。

至于这匹马是不是千里马，到底多少钱成交，这就不是伯乐的问题了。能否成交要由买卖双方去谈，总有合理的价格和称心如意的买家。伯乐只需要带流量过来，这就够了。

苏代请淳于髡帮忙也是如此。淳于髡讲的，无非是苏代此人多有才学，能力多么出众，帮助齐王对苏代有个先入为主的好印象罢了。至于两国关系具体如何处理，只字不提，完全留给苏代来发挥就好了。

这，其实就是最典型的广告效应。

今天的职场，年轻人需要广告吗？你可能觉得有点儿奇怪，但再问，年轻人需要伯乐吗？恐怕99%的人都会连忙点头，太需要了！

确实，年轻人的职场环境比马市更喧嚣，竞争更激烈，要想实现金字塔攀升，获得屈指可数的晋级机会，只靠埋头拉车恐怕也会落得无人问津的尴尬境地，"广告"必不可少。具体给大家支几招。

其一，勤学苦练壮筋骨。靠夸大宣传甚至恶意欺诈，最多一时得逞，露馅之后则会信誉破产，再无翻身之日。希望大家耐下心来练练硬功夫，最好能练成"日行千里"的本事。所谓厚积薄发，积累足够深厚才行。

其二，贵人相助要感恩。功利心不要太强，一门心思盯着上面，总想马上获得提拔、步步都踩在别人前面才高兴。实际上，只要对你欣赏认可，愿意助你一臂之力的都是伯乐。心怀感恩、力所能及地报恩，才会引来更多人的帮助扶持。

其三，也要看伯乐的人品。伯乐相马，马也要相伯乐。如果伯乐人品糟糕，心怀不轨，风评很差，就算有意拉拢你，最好也要微笑婉拒，保持距离。与这样的人搅和在一起，连你的公众形象和认可度都要出问题，更不要说包装和营销了。

其四，关键时刻敢冒头。千里马，归根结底要跑起来才能证明自己。伯乐赏识你，帮你把机会争取到了，那就要看你自己本事硬不硬，水平够不够了。遇到这种机会，一定要充分准备，全力以赴，争取一炮而响，不负众望。

领会并掌握这四条，相信你在职场上会一往无前，纵横驰骋。

职场决胜的三把秘密钥匙

战国四公子：齐有孟尝、楚有春申、赵有平原、魏有信陵。从江湖地位来说，他们都是本国王室贵族，比较开明，办事能力比较强，还都喜欢养门客，结交三教九流。

表面看起来四人并驾齐驱，但从用人识人的角度来看，还是孟尝君占据压倒性优势。《战国策》记载了这样一个故事。

一天，孟尝君闲着没事，坐在家里跟三个门客聊天。作为上司，需要经常听取别人的意见，就算听不进去，也要有个礼贤下士、察纳雅言的态度。

孟尝君说："三位先生，希望你们能给我提提意见，弥补我的过失。"

这本来是个常规操作，但没想到，这三个人的答案，听完连我都震惊了。

第一个人说："各国君主中，不管谁敢欺侮您，我都会溅他一脸血！"

第二个人气魄更大："但凡人类能抵达的地方，我都要为您遮丑护短、歌功颂德，让您的威名传遍天下，各国王侯都争着来请您帮忙治国理政。"

第三个人比较务实一点："我愿意替您收罗天下英才为您所用，为您决策参谋、应急决断，像魏文侯的名臣田子方、段干木那样。"

大家注意到没有，三个答案其实是三个侧面。第一个人的答案火药味十足，适合赴汤蹈火、据理力争，对应军事和外交工作。第二个人的答案采取迂回策略，多交朋友、维护形象，对应宣传和统战工作。第三个人的答案实际上是在打基础，做保障，通过吸纳天下英才，打造干部工作一池活水。

偶尔一次闲聊，随机抽了三个门客，就能得到这种水准的答案，后面还有门客三千呢，可想而知，齐国那时候真是人才鼎盛。史书上没有记载孟尝君的反应，但估计已经高兴得合不拢嘴了。

说的容易，能做到吗？你别说，还真行。《战国策》记载了很多孟尝君门客纵横捭阖的故事，这在其他三位公子的记载里是很少见的，或是干脆没有的。比如大家都很熟悉的典故"鸡鸣狗盗""弹铗而歌""焚券市义"，都出自孟尝君的门客。

特别是鸡鸣狗盗，后世多有不齿，但实事求是地讲，生死关头能奏效就是最好的办法，空谈大道理能把城门叫开吗？难道要束手就擒吗？

除了这些，还有不少类似的历史记载，下面我简单举三个例子。

第一个例子，对应前文的第一种答案。

孟尝君准备组织合纵对付秦国，手下门客公孙弘提建议说："要不要先去探听一下秦国的虚实？如果秦王真的英明神武，咱们还是先别招惹他，免得鸡蛋碰石头；如果确认秦王徒有其名，再去对付他也不迟。"然后他自告奋勇，担任出使秦国的全权代表。

秦王一看孟尝君派人来了，也有试探的想法，于是故意说话刺激公孙弘："孟尝君有多少地盘？"

公孙弘老老实实地回答："封地在薛，方圆百里。"

秦王笑嘻嘻地说："我大秦方圆数千里，我还不敢去随便跟人作对。孟尝君在我面前就是个弟弟，还敢跟我作对，是不是傻？"

公孙弘冷笑着说："孟尝君礼贤下士，尊重人才，秦王你可就差远了。"

秦王当然很不服气，马上追问。

公孙弘清清嗓子，不卑不亢、掷地有声地讲了下面这番话："孟尝君的手下，有人才华过人，追求高远，既不愿意攀附君王，也不愿意结交诸侯，论才能自己都可以称王称霸，不高兴了连官位名爵也不稀罕，像这样的名士奇才至少有三人；有人擅长治国理政，连管仲、商鞅都要拜在他们脚下，君王听从他们的建议，保证能够称王称霸，这样的人至少有五人；还有一些人，为孟尝君出使像秦国这样的万乘之国，如果被侮辱、戏弄，马上拔剑自杀，不惜生命去捍卫他，也就是像公孙弘我这样的人，至少有十人。"

秦昭王听到这里，意识到孟尝君确实不可小看，赶紧对公孙弘说："哎呀，您何必这么紧张，咱们只是随便聊聊。我很尊重孟尝君，请一定向他转达我的问候。"

大家回头去看看前文第一位门客的答案，是不是得到了完美印证？

最后一个例子。

孟尝君对手下有个门客很不满意，准备撵他出门。

这时候另一个门客鲁仲连来劝谏，他说："猿猴四处攀爬，非常灵巧，但要下水过河，比不过鱼鳖；千里马跑路快，但要攀援绝壁、躲避危险，比不过狐狸。曹沫是春秋鲁国名将，带兵打仗，无人能敌，但如果放下兵器去种地，连普通农夫都不如。道理很简单，用人要扬长避短，不然连尧帝这样的圣人都不能充分施展才能。不懂用人，就贸然说某个人不行，赶他走，结果让人家心怀怨恨，反过头来报复你，岂不太傻？"

听完这段话，孟尝君连连点头称是，放弃了驱逐那位门客的想法。

三个例子讲完了，之前那三个门客给出的三个答案是不是都有对应的实例？孟尝君门客三千，哪里像某些人说的那样，都是鸡鸣狗盗之辈？有大智慧、大格局、大气魄的比比皆是！也难怪孟尝君能位居四公子之首，成就一番大业啊。

回到今天的职场，孟尝君这样的一代英豪，我们固然难以企及，但从成就事业的角度，孟尝君与三位门客的对话对我们同样很有启发。今天的年轻人要想发展进步，同样离不开三个方面的有机结合。

其一，实干与斗争精神。要想在众目睽睽之下，赢得安身立命的空间，必须聚焦主业，踏实奋斗，靠实力赢得别人的尊重和认可。平时固然要谦虚低调，可遇到别人针锋相对，拿你开刀的时候，当然不能任人宰割。

其二，宣传与统战策略。只靠业务工作，还是远远不够的。管理层认可不认可，同事口碑怎么样，群众评价好不好，很大程度上取决于自身的维护。

当然，这里不是教你去弄虚作假、欺世盗名，而是要善于结交朋友，尽可能避免伤害他人的利益，营造和谐融洽的外部环境，尽可能减少自身前进的阻力。在此基础上，如果大家都认可你，给你普遍好评，那就更完美了。

其三，胸怀、格局与气魄。古话说，孤木不成林。要想冲出重围成就一番事业，靠个人单打独斗是不行的。任何一项工作，都离不开团队协作和外部支持。要学会与形形色色的人交朋友，与各种"奇葩"的队友合作。我们豁达一点，包容一点，着眼于事，迁就于人，尽可能调动一切积极因素为我所用。大不了，事成之后不再合作和来往，最起码在做事的过程中，还是要大度容人，有一点胸怀。切忌这也看不惯，那也瞧不上，甚至点评指摘，正面冲突。

一步一个脚印才是人生的捷径

我离职的时候，跟我同一批上培训班的王某刚刚明确"主持工作"。

当年，大家从四面八方考到北京，在培训班上志得意满，指点江山，随后分散到各个单位埋头工作，QQ群、微信群也渐渐沉寂。但投缘的几个朋友还是常常相互八卦一下：班上谁最先升职；谁的文章上了报纸；谁被领导挑中，当了秘书；谁和谁在培训班结缘走到了一起；谁又被外派出国，天天在朋友圈刷着思亲之苦。

但很少听到王某的消息。

直到他所在部门组织了一次重要会议，我随领导参会，在会场见到了他。分别几年，远远看上去他发福不少，三十出头的年纪，脸上已经略显油腻。他穿着深色夹克，头发一丝不乱，笑容可掬地招呼参会的人。看到我们过来，他赶忙小跑几步到跟前，双手握住一位上司的手，准确地称呼其姓氏和职务，精确地把我们引向座位。领导略有诧异，因为彼此并不认识，但看得出他很满意这种服务水准。将我们送到座位告辞时，王某还专门朝后排的我亲切地点点头。

那一瞬间，我有点恍惚。面前这位精明强干的年轻人，真的是我所认识的王某吗？

在当年的培训班上，我和他恰好分在同组。那是我第一次注意到他：中等身高，其貌不扬，穿得像个没毕业的大学生。他表情近乎卑微，自我介绍时两只手局促地轻微摆动。

"我叫王某，不像大家都是名校学历，我上的是地方学校。（跟大家）差距很大，（大家）别笑话我。"说到这里，他自己先咧开嘴，尴尬地笑了笑。

其他同学赶忙打圆场："哪有哪有，大家都是一样的。"话虽这么说，但从大家的眼神里，我还是看到了骄傲、好奇。至少我自己在暗想："如果是我，可不会这么轻易暴露弱点。有足够自信和过硬能力的人，怎么会在意自己的学历？"

事实证明，那时的他确实没有自信，也看不出有什么过人的能力。

上课时，大家都在认真听课，记笔记，他右手托着下巴，紧锁眉头，不知在想些什么。提问环节，从来没见他举过手。分组活动，他总是往后缩的那一个，羡慕地看着大家各显神通，鼓掌叫好倒是不遗余力。偶尔有空闲时间，小组打牌或玩杀人游戏，大家谈笑风生，比拼牌技、演技，他总是最轻易中枪的那一个，因为他的记忆力和分析判断能力几乎都是最差的。每次出糗，他都闹个大红脸，但下一轮还是会继续笑呵呵地守在"阵地"上。

培训班快结束时，大家组织联欢活动。每个人都有节目，吹拉弹唱，各显绝技。趁着大家七嘴八舌，他轻轻拉了一下我的袖子说："我啥也不会，咋办？"

我怕他尴尬，也想保证人人参与，赶忙给他安排了个小话剧的角色。听我说台词只有三句话，他满意地接受了。在排练过程中，他每次都是最早到，最后走，跑前跑后给大家服务。轮到他对台词时，他带着地方口音的三句台词总能让大家笑场。看他忙碌加上紧张，闹得满头大汗，在调侃之外，大家反倒对他多了几分好感。

演出的时候，王某还是闹了个不大不小的笑话。因为道具出了点小问题，前面的同学随机应变，改了几句台词，其他人也都心领神会，结果到他这里卡壳了。他明白是怎么回事，却张口结舌，找不到话茬儿，紧张之下只好小声嘀咕："不是这样的呀……"

台下哄堂大笑。男主角赶忙把话茬儿接过去。就这样，王某仅有的三句台词，最后一句都没说出来。后面几分钟的戏，我看他的脸一直红红的。

那次培训班，各路大神很多，让人印象深刻的也不少。但让所有人都记住的，只有王某一个。

离职后，我经常跟之前的朋友小聚，留意打听着王某的消息，慢慢地，对他这几年的经历有了粗略的勾勒。

在同事们眼中，最初的他也是一个脑袋不怎么灵光、为人拘谨羞涩的形象，有的老同志不管不顾，被他气急了就半开玩笑地说他："你当初是咋通过面试的！"尽管如此，谁都不会否认，王某是所有年轻人中最能吃苦的一个。

单位每次集中销毁文件，他抱起一百多斤的销毁袋就往楼下跑，自己搬完再帮其他办公室；灭火器更换，自从他来了，别人就没伸过手；取机要文件、拿报纸、领办公用品这种琐碎事儿，他也都承包了。时间稍长，办公室的画风变成这样：

"小王，回头帮我领几本便利贴。"

"小王，你过来帮我看看复印机怎么操作？"

"小王，我家有点儿事，这周末跟你换个班吧？"

……

可别以为他只会做这种零碎小事。从上班第一天起，他就坚持7点到办公室，到现在风雨无阻。入职一开始被安排到综合部门学业务，他学得慢但最认真，最投入，其他的年轻人下班了，他继续跟着别人值班。交代一句话，别人都记脑子里了，他记不住就记在本子上。核文别人一遍就过，他生怕出错就核三遍。每周例会和其他工作会，别人列个提纲就够了，他拿出中午休息时间一字一句敲出个书面稿来。靠这种"笨办法"，他硬生生甩开一堆优秀的年轻人，挤进了大家心目中的第一梯队。

单位工作很烦琐，机械性的工作和重复劳动很多，时间长了，大家难免心生倦怠。特别是名校毕业的学生，看着手里并没有太多技术含量的工作，对比着大学同学几倍，甚至十几倍的收入水平，想想自己叱咤风云的亮眼履历，要保持心态平衡并不那么容易。工作三到五年，这些人中会出现明显的分化。有的人意志消沉，提前向无欲无求的方向滑落；有的人开始把工作放在第二位，积极奔走寻找跳槽机会；有的人仍然严格要求自己，把手上的每份工作尽力做好，却早已经没有当年的激情。你看，贫乏的面部表情就是证据。当然，也有智商、情商并驾齐驱的精英人物，已经被上司慧眼识中，被调到更关键的部门，更核心的岗位，从而驶入人生超车道。

这些，都与王某没关系。

他并不算聪明，却很努力。他业绩不错，却也称不上出类拔萃。大家都离不开他的热情服务，但恐怕没人想过他能担当大任，支撑局面。他每一步都走得很稳，却也没有什么更大的波澜和机遇。

与名校毕业生相比，王某还有一个非常重要的不同之处——他对自己的工作和生活非常满意，这种满意是发自内心的。

他从没想过跳槽辞职，也不攀比什么年薪百万；他对重复劳动毫不反感，对压抑的单位氛围安之若素；他对职级待遇也完全没有奢望，或许在他看来，当好一个科长已经是一件很了不起的事情。正因为这些，当名校毕业的同事心潮起伏、焦虑人生的时候，他在踏踏实实、安安稳稳地做着该做的事情。

机遇对这样的人从不吝啬。

几年后，部门主要领导被检查部门带走了，查办下来，好几个跟得紧的年轻人也查出了问题。部门里排名最末的人，很快被任命为主要负责人主持工作。这人，非常认可王某。

再后来，主要负责人进一步升职，王某接替了主要负责人原来的工作。再之后，王某也主持起了工作。

风云变幻，就在转瞬之间。

谁也没有想到，原先老实的王某，到了管理岗位上会做得那么风生水起。一夜之间，他像变了一个人：为人处事滴水不漏，迎来送往恰到好处，工作思路既新又好，应急应变有条不紊。大家都开始确信，王某是真正的明日之星。

看到这里，很多读者会想到"逆向淘汰"。

其实仔细想来，在大多数情况下，很多单位的工作本来不就是事务性工作吗？哪用得到那么多创新创造和技术攻关呢？

办文，思想要与大局保持一致，观点绝不能凭空臆想，文体、结构、文风、用词都是规范化的，恰恰排斥太多个人色彩。

办会，更是纯粹的重复劳动。几乎每次会议都是年度例行，筹备方案早已经千锤百炼，每个环节，每个细节，甚至可能发生的意外情况，都已经被无数次实践经验所囊括。

办事，如何联系不同部门，如何交涉关切事项，如何形成解决方案，你的一举一动都要找到先例和依据。否则，你一定要先问问自己，你所谓的"创新"是不是已经越界了？

你看，这样的工作，不就恰恰需要干某这样的人吗？

所以，这绝不是什么逆向淘汰，而是合乎工作实际的自然规律在发挥作用。

不越界，但是要有自己的边界

著名诗人顾城曾写下名作《我和你》：

你，一会看我，一会看云。

我觉得，你看我时很远，看云时很近。

如果觉得不容易理解，我们可以稍微改动一下：

你，一会看我，一会看手机。

我觉得，你看我时很远，看手机时很近。

如果说今天的世界，与40多年前有什么不同，我想至少有两个极端。

一是，人们更愿意封闭自我，也拥有更多自我封闭的途径，比如屏幕背后的虚拟世界。

二是，人们更强调以自我为中心，更加随意穿越别人的边界，个体的冲突越来越多。

归结为一点，人们越来越不懂"边界"，而这恰恰是人际关系的主要命题。

今天的讨论，我们重点讲三个问题：什么是"边界"，工作中有哪些迷失边界的教训，工作中的"边界"应该如何把握。

什么是"边界"

美国学者霍尔经过研究，给出了人与人接触的舒适距离。其中，家人、爱人为45厘米以内；朋友之间约为45厘米至1.2米；职场或社会中的接触在1.2米至3.6米；初次见面的陌生人，往往会在3.6米以上。

如果说，每个人都是一座孤岛，那么人与人的"边界"，其实就是岛屿之间相互分割，保证彼此安全、舒适和自由度的最小距离。

从物理层面上看，我们能清晰地感受到这种无形边界的有形魔力。比如，当你的老板逾越边界，面对面看着你的眼睛，甚至让你感受到他的气息时，你一定会慌作一团。如果是同性，最好准备迎接最猛烈的怒火；如果是异性，他对你的兴趣显然已经超出了"下属"的角色范畴。

这种"边界"是相对容易理解的，但不够完整。

比如，两个人远隔重洋，就不存在边界困扰了吗？

举个例子，你突然接到一位朋友的电话，他在美国读书，询问你能不能替他看望重病弥留的叔叔。你们只是一般朋友，很长时间都没有来往，他没有帮过你任何事。这时你会怎么想？

我猜，你会为难，后悔接通这个电话。你的内心在抱怨对方，"你以为你是谁？"

身为普通朋友，却自顾自地向你提出了亲人才会提出的要求，显然已经"越界"了，这正是诱发你负面情绪的根源。

相比之下，有分寸的人在试探对方时往往会说"有句话不知当讲不当讲""恕我冒昧"。

翻译成容易懂的语言大概是这样："我想靠近你，但我不确定你会不会舒服，我现在请求你的许可。"

如果对方说，"当然可以""完全不用担心"，这意味着对方解除了警报，打开城门放你进去。

如果对方犹豫，或者笑而不语，或者顾左右而言他，你最好放弃这次尝试。因为，对方并没有给你靠近一步的机会。一旦强行闯入，只能带来糟糕的反应。

可能有人要问："既然靠近往往会带来冲突，那么是不是彼此相距越远越好呢？干脆大家都封闭起来，那是不是就不会发生冲突了？"

一方面，这不可能。人与人的接触、交往、沟通无处不在，也就是"人无时无刻不处在社会关系之中"。

更重要的另一方面，恰当突破边界，才能带来情感的丰盈、职场的胜利、社会的多元。

比如，两个年轻人从素不相识，到互生好感，再到出双入对，结婚生子，距离越来越近，最终融为一体，才孕育出世界上最美好的爱情，以及人类繁衍的可能。

就算是陌生人之间，一句温暖的问候，一句善意的提醒，都会拉近彼此的距离，让冰冷的世界充满温情。

所以，我们可以做个小结。人际关系的主要课题，就是把握彼此之间的恰当边界。这种边界是人与人交往舒适区的最小重叠地带。对边界的随意逾越，甚至漠视，是大多数人际关系困境的来源。

职场中有哪些迷失边界的教训

其一，自我封闭。

比如，现在越来越多的年轻人，不愿意参加集体活动。单位组织晚会，没才艺；秋游，没时间；看展览，不舒服；运动会，不好意思，身体最近不大好。

再比如，对上司很客气，但从来不主动汇报工作；对同事也微笑，也打招呼，但从不主动聊天接触，工作之外没有任何交流和交集；参加培训或外出开会，几天下来，一个电话或微信都没有添加。

此外，还不愿意给人帮忙，或者哪怕冒一丁点儿风险，遇到点儿事情，都想赶快撇清自己，只要火烧不到自己的眉毛，天塌下来都无所谓。

这些现象的本质，都是自我封闭，自我隔离，沉浸在自己的小世界里，不愿意承担交往成本和风险，对团队和集体"无意识"，把上司和同事当作"熟悉的陌生人"。这背后，或者是傲气，谁都看不上；或者是冷漠，事不关己高高挂起；或者是习惯了以自我为中心的小世界，尚未脱离人格发育的婴儿阶段。

长此以往，只能导致个人与集体割裂，群体关系越来越疏远，丧失前进动力和发展机会。放在平时还好，最多大家都觉得你是怪人，不搭理、不接触也就是了。可如果遇到紧急情况，或者是你个人出了什么状况，同样没人会提醒你，帮助你，指点你，没人帮你撑腰说句公道话，更谈不上托底救火。你原本薄弱的抗风险能力，从此更加形同虚设，不堪一击。

其二，盲目越界。

比如，指派平级同事，为达到自己的工作目标，对别人提出配合要求，根本不管对方的安排和意愿。热衷于窥探别人的隐私，评论别人出糗或尴尬的经历，随意给别人出主意，对别人的规划、打算、安排指手画脚。

比如，在上司面前说话随意，开不恰当的玩笑，对上司的几句客气话或场面话当真，对上司过分殷勤，甚至打着领导的隐形旗号，释放不恰当的信号。

比如，在对外工作交往的过程中，随意表态，随意评论本单位工作。在工作接触中夹带私货，请对方帮忙解决私人问题。在工作磋商中，拿本单位的利益、诉求，甚至本单位的旗号，向对方施压。在协作分工时，自恃本单位名头大，牌子硬，对其他单位提出不合理要求，甚至使用"命令式"口吻。

这些问题的共同本质在于，模糊了个体身份和角色，超出了应有的边界，侵入了他人领地，其结果必然是引起对方警觉、反感、愤怒、鄙夷，甚至强力还击。如不加以改进，只能导致上司对你失去信任，同事关系越来越僵，推进工作处处碰壁，成为里里外外大家心照不宣的"不受欢迎的人"。

还有一点，"越界"会成为习惯。

有的人本身或许没有恶意，甚至满满都是善意，但因为不懂边界的概念，很少自省自查，别人又不可能对他如此推心置腹，使得他根本察觉不到自己的问题，甚至还会把"越界"当作自然而然的举动，习惯性地做出错误的选择和判断，让糟糕的思维和行为方式一天天延续下去。

当然，还有另一种"越界"，那就是沉迷于"越界"的"快感"，根本不在意别人的负面评价和尴尬表情，越能触发鸡飞狗跳的局面，他的快感越强烈。他事后或许会后悔，但再次遇到同样的场合，脱口而出、肆意妄为的冲动还是会压倒一切。

不管是何种原因驱动，"越界"都是最难纠正的，很多人终其一生也改不过来。

其三，不懂拒绝。

这一点，与上一部分"随意越界"是相对而生的。

既然有人随意"越界"，就总有人不敢、不愿、不好意思、拉不下脸、抹不开面子拒绝，始终无法正确应对，任由别人"越界"成为常态，自己的身心遭受持续侵犯和凌辱。

最典型的，莫过于下级对上级的屈从。

在工作场合，上级对下级有权威，能够决定下级的考核、升迁、去留以及长期发展。因此，尊重上司，服从领导，是下属的基本职业素养。但别忘了，这种权威是有限的，仅限于工作场合、工作时间、工作事项。超出这三个项目的一切事由，理论上都是可以拒绝的。

职场"边界"如何把握

以上讲了很多鲜活的事例，相信大家或多或少都有耳闻目睹，甚至亲历过。那么，如何正确把握边界，建立张弛有度、安全合理的边界秩序呢？这里，给大家提出四点建议。

其一，正确评估彼此关系。

就职场而言，评估要素主要包括，双方的职务、角色、资历、背景、性格、交往时间以及熟悉程度，是否有过私人交集（比如相互帮忙）等。按照常理和经验，为双方划定一个相对宽松的边界，留足缓冲地带。遇到具体问题时，再根据大环境、紧急程度、风险和收益等因素，进行具体评判。

比如，对上司原则上要"恭"（服从）大于"敬"（尊重）大于"亲"（亲近），只要不超出底线，不损伤个人自尊，对上司的要求以服从为主，避免过度警惕，拒人于千里。当然，如果上司明显对你有偏见，甚至蔑视你的存在，侮辱你的尊严，在忍耐并争取改善关系无效的情况下，通过适当机会表明立场，温和但坚定地予以还击，也是必要的。这里的"上司"主要是指直接上司。再上一级的单位或一把手，不会与你有直接工作关系，素质水平相对较高，一般也就不会出现这种矛盾和问题。

比如，对同事，可以亲近，但最好不要成为朋友。根本原因在于，同事之间存在眼前或未来可能的利益关系，与朋友之间平等相待、互利互惠存在本质区别。如果对同事过于亲近，或者"实在"，很容易泄露不必要的信息，引发各种麻烦和问题。职场很多反目成仇的例子，都来源于此。那么，"亲近"的尺度在哪里？简单地说，就是"对等"。对方帮你，你要感恩，并及时回报；对方对你说一些私密的话，注意为他保密，同时你对他说的话，尺度要不超过他。对方需要打掩护的地方，在不违反原则的情况下，可以帮他。将来你遇到麻烦，自然也能求助于他。

再比如，对服务对象或工作中接触的外单位人员，要时刻记住自己的工作身份，不要把工作与个人混为一谈。对方对你的尊重，完全出自你的身份和你所代表的单位，与个人无关。因此，时时处处，一言一语，都要记得站在单位的立场上，避免夹带个人好恶，私人利益，更要避免随意表态，颐指气使，或者走向反面，即唯唯诺诺，任人宰割。如同外交谈判，总的原则是有理、有利、有节。

其二，善于具体灵活分析。

同样的举动，在不同的场景，不同的身份关系中，会有不同的效果。

比如，平时与同事聊天，你走过去拍拍他的肩膀，可能会引起对方的不舒服。这属于轻微的超越边界。但对方遭遇了不幸，或者心情非常糟糕时，你拍拍肩膀，就意味着亲近和支持，无形之中能增进你们的信任和感情。

再比如，在工作场合，管理者一般板着脸，借此树立权威，从而有利于开展工作。在这种情况下，你最好不要随意开玩笑，免得踩到上司的"老虎尾巴"。但集体郊游、外出考察、单位联欢等场合，管理者也想跟大家套套近乎，扮演一下亲民角色。这时候如果你还是诚惶诚恐，不苟言笑，只会让上司觉得这个人死脑筋。相反，如果你适时打开话题，逗个乐子，帮助营造活跃氛围，就会帮自己加分不少。

还有，平时奉行"闲谈莫论人非"的原则是很好的，但如果某人表现确实糟糕，管理者打算"拿他开刀"，或他已经引起公愤，你还是一言不发，模棱两可，只能让人觉得你自作聪明，脱离集体。对外沟通工作时慎重一点，没问题，但如果需要当机立断或者维护单位正当权益和尊严时，你还是犹犹豫豫，显然就不合适了。

因此，这里给出几个把握边界的关键词。

一是权限。在权限范围内，必要时可以霸气一点。

二是急缓。在紧急情况下，可以突破边界。

三是配合。准确判断对方的需求，默契配合对方完成表演。

四是善意。只要本着善意，且客观上不损害对方利益，必要时可以突破边界，并做好后续解释。

其三，准确把握底线和禁忌。

有些距离，最好是不要打破。比如异性同事之间过度亲近，难免暧昧，往往是引发办公室恋情悲剧的直接原因。想想看，一旦双方越界，还谈什么职场前途？

有些常识，应该始终记清楚。比如，原则上不能委托同事参与自己的家庭和亲情的事务，比如白事、搬家、探病等，对方主动而为的另说；比如，不要评价对方的穿着品位和相貌，关系很熟开个玩笑或许无妨，但如果语气比较郑重或被对方当真，则很容易引起对方尴尬或不爽；比如，不要触及对方的身高、体味、生理缺陷等话题，再熟悉的同事都要尽量避免；比如，自己的工作，除非极特殊情况，不要拜托别人帮忙，也不要因为自己的工作节奏给别人造成负担。

还有一些个人偏好或敏感点，需要在日常接触中慢慢积累了解，防止无意中逾越边界。

比如，同事自幼丧父，平日里从来不提"父亲"两个字，你跟他再熟，也不要说郭德纲关于爸爸儿子的梗；上司离婚了，你说话时就不要嫂子长、夫人短了；对方对某个社会热点问题或道德争议，明明有过强烈的观点表达，你就最好不要当着他的面发表相左的看法；某人天生自卑且敏感，经常对别人的话听风是雨、反复琢磨，那么与他有关的事情，你就要多留三分小心，该给的面子一定要给，该说的客气话一定要说，该走的程序一定不要图省事。

另外，还有一些所有职场人都要把握的共同边界，一定要小心。比如，某些群体讲究中庸，一般不发表极端言论，不管是对上司、同事，还是下属，以及外部人员，再熟悉都要慎言。

其四，经常反躬自省。

有的人，自己做事不注意，把人得罪了，还要怨对方小心眼。实际上，再小气的人，也不是一次就能得罪的，往往都是经历了一而再、再而三的触碰，才最终引起"火山爆发"。惹麻烦的这位，往往是不自觉的、无意识的。他只是比较笨，根本没有察觉到对方不爽的信号，继续自说自话，自行其是而已。

聪明人和傻瓜的区别，不是是否犯错或者越界，而是能否及时察觉可能的越界，并迅速调整回撤，以恰当的方式摆平。正是在这种尝试、磨合的过程中，人与人才能形成比较稳定的舒适区，建立比较合理的交往尺度和人际关系秩序。正所谓"衣不如新，人不如故"。"故人"让人舒服，就是这个原因。

因此，我提出的最后一条建议，就是要关注对方的动态反应，并反躬自省，及时调整。

比如，你请对方帮忙，看到对方面露难色，或答应得很勉强，就要马上想想自己的请求是否合理，是否有考虑不到的因素（比如对方有其他安排或不方便），是否超越了彼此之间关系的边界。如果大概率上得出了"是"的结论，最好马上顺势撤回，或者稍后找个理由撤回求助，比如，自己的状况解除了，可以自己做了，或者某个人捎带手正好可以帮忙等。同时，还要真诚对对方表示感谢，避免"甩脸子"之嫌。

这里我也和大家分享一个简单实用的小妙招。建议大家每天晚上拿出10分钟时间，回想一下当天与人接触、交往的主要事件和节点，快速评估一下自己的处置方式是否恰当，是否有各种"黄灯"和"红灯"信号？如果有，抓紧再找机会调整和弥补。时间长了，你为人处世的分寸感就会越来越强，你也会让人感觉越来越舒服。

小结

人际关系的本质，是不同个体的交集。这种交集是否恰当，决定了人际关系的质量。要像跳交谊舞的一对男女，灵活把握远和近的关系：有时相拥入怀，却不能踩脚；有时各奔东西，手却没有松开。总之，张弛有度，行云流水，才能跳出最美的舞姿，从而让你拥有最广阔的职场未来。

第 **五** 章

成为可靠的人，
立于不败之地

能够成事的人，不仅关注事情本身，而且会不断提高自身的修养。他们深知，靠谱的人，才能走得更稳，更远。

千万不能有这三条硬伤

一

公元214年春天，巴蜀大地，风和日丽。

一个长相难看的男人，骑着白马，摇着小蒲扇，摇头晃脑，一副成竹在胸的样子。要不是身后数千精兵，刀枪林立，杀气腾腾，还真以为这人是来郊游的。

走到一处山谷，丑陋的男人猛地睁开小眼睛，只见小路两侧山高坡陡、林木茂密，不由得心头一紧，薅过一个本地兵的脖领子问："这是何地？"

士兵揉揉眼睛，随口答道："落凤坡。"

这个男人一惊，来不及反应，两侧山上旌旗四起、杀声震天，滚木礌石从天而降，一时间飞箭如蝗。慌乱中，丑男滚落马下、狼狈躲避，眼看着手下人死伤无数，不由得长叹一声："想不到我凤雏满腹才学、壮志未酬，陨落此地！"

庞统，字士元，号凤雏，与诸葛卧龙齐名。江湖传说"卧龙、凤雏，得一可安天下"。此时，庞统刚刚投奔刘备，被封为副军师不久，首次单独陪同领导出征，在小小的落凤坡前，被射成了刺猬，年仅36岁。

1800多年过去了，我最想问一句："这么牛的大军师，出门都不看地图吗？最基础的侦察工作得做一点吧？"

一部《三国演义》，把庞统吹上了天，可归拢归拢，他就干了三件事。

第一件，向曹操献连环计，为火烧赤壁埋下伏笔。乍听起来挺厉害，实际这点子是周瑜琢磨出来的，庞统只是做了行动。苦肉计、反间计、草船借箭、借东风，这些考验智商的戏码，跟庞统都没关系。

第二件，当官嫌小，撂挑子。投奔刘备之初，他被安排了个县长，他感觉自己不受重视，没有施展才能的舞台，结果整天喝酒睡觉，三个多月不升堂，公务积压如山。这摆明了是对上司的安排不服气。你伸手要职位也就罢了，但至少应该先把手头的工作做好。三个月耽误多少事？组织上派人来质问，他不仅不承认错误，还拽得不行，半天工夫把积压的事务做完了，这是跟谁示威呢？说到底，这是态度问题，性质比能力水平问题更严重！

第三件，就是本章开头的一幕，辅佐刘备抢夺西川。从战略上说，夺西川是人家孔明还没出山时，在"隆中对"里就规划好的，时机来了，势在必得；从战术上说，夺西川最大的功臣是张松。张松叛变刘璋，拿着老板家的产业到处送人情，被刘备收买后当了内鬼，撺掇刘璋请刘备入川，这才引狼入室。总体说来，刘备拿到蜀中全图，掌握最核心的军事秘密，是拿下西川的关键因素。从具体执行层面，身为军师的庞统表现也是一般般：谋划不周、考虑不全，与刘备分兵两路，以身犯险，还没到成都自己就先死了，还得让诸葛亮撇下荆州赶来善后。要不是他整这一出，诸葛亮安心守在荆州，怎么会有后来关羽大意失荆州的败局？

由此看来，所谓凤雏安天下，不过是自命不凡、言过其实。

二

历史小说追求好看，吹捧人物，夸大其词，也是正常。

历史上真实的庞统——庞士元是个啥样子？

其一，长相未见得丑，但确实看起来不太聪明的样子。据《三国志》记载，庞统"少时朴钝，未有识者"，说白了就是不太灵活，一根筋，大家都不认识他。后来之所以出名，是因为走门路找到司马徽。人家爬树采桑叶，他就坐在树下仰着脖子看，边看边扯，闲聊了一整天。你说你年纪轻轻，倒是给老人家搭把手啊？这眼力见儿真够可以了。可能司马徽看他傻得可爱，也看他二大爷庞德公的面子，帮他做形象包装，他的名气才慢慢起来了。

其二，喜欢吹捧，强词夺理。那时候的读书人喜欢相互点评，明里暗里相互吹捧，最后皆大欢喜。吹捧归吹捧，总要有点儿事实依据，但庞统是个例外。他点评别人，往往吹捧太过。有人专门调侃他，庞统你见谁夸谁，其实都是才华有限青年呢。庞统尴尬地笑，哎呀，这些人能力是不太高，可是人品好啊。这年头好人少："坏人多，当然得使劲夸好人啊，哪怕夸错了，对大家也都是个激励嘛！"好吧，你跟他说才华，他跟你说操守，完全鸡同鸭讲。

其三，为人矫情，喜欢抬杠。刘备入川，庞统献了上、中、下三计，基本上都是举杯为号鸿门宴、趁乱打劫抢人头这些下三路的招数，实在看不出什么高明。后来刘备用了他的中计，一路向西进展很顺利，快杀到成都了，在涪陵大摆宴席庆祝。刘备借着酒劲问大家："（出征顺利）这算是高兴的事儿吧？"大家都纷纷附和，唯独庞统来了句："你抢人家地盘，有啥高兴的？"

刘备向来标榜自己仁义宽厚的人设，结果让他一句话戳了老底，当场气得翻脸，把他撵出门去。当初撺掇我的是你，出那些馊主意的也是你，如今你反咬一口，装什么道貌岸然？合着我刘皇叔脏心烂肺，任你一个穷酸书生对我指指点点？

《三国演义》的桥段中，庞士元嫌弃县长官小，不认真干活被撤职，这是真的，但半天工夫处理完三个月的公务，完全是瞎扯。这边天天打仗，那么多十万火急的事，等你憋大招作秀？赤壁之战不假，但跟庞统没啥关系。献连环计，也完全是小说杜撰的，庞统那时候就是在周瑜手底下胡乱混口饭吃的。

三

说庞统，当然不是随便写点儿八卦。

从职场发育的角度看，庞统其实是个反面典型。

其一，人要有才华，但不要有才名。江湖上都传说庞统有才，越传越玄乎，甚至与诸葛亮并驾齐驱。有时候被大家吹捧多了，自己也会信以为真，飘飘然忘乎所以，搞到最后，才名成了无形的负担。大家期待值那么高，你又没有化腐朽为神奇的本事，幸亏死得早，要不然得引来多少唏嘘奚落？庞统以凤雏之大名，轻敌冒进，命丧落凤坡。虽是小说演绎，不也恰好有些讽刺意味吗？

这些年，见过不少年轻人本身很优秀，有的文笔不错，有的办事干练，写过几篇大稿子，办过几次重要会议，受到领导几次表扬，就飘飘然翘起尾巴，对别人的恭维照单全收，稍有不如意就挂在脸上，听不起批评意见，甚至发脾气，撂挑子，让领导失望，与身边人结怨，错过职业生涯的黄金机遇，等头脑清醒下来，悔之晚矣。这些人的教训，与庞统何其相似！

所以，别人捧你"大笔杆子""潜力股""希望之星"，自己要心中有数，别太当真。谨慎做人，小心驶得万年船，这不是让你奴颜婢膝，只是最基本的生存法则而已。总是锋芒毕露、自命不凡，不怕一脚踩空吗？

其二，职场说话，切忌信口开河。刘备大宴群臣，本来是个喜气洋洋的场合，庞统冷不丁地来一句臭话，全场气氛顿时变得非常尴尬。不光让刘备下不来台，连他多少年的人设都给否定了。庞统几乎就是站在道德制高点上，把自家上司说成了同室操戈，见利忘义，做了坏事还沾沾自喜的小人。就算搁普通人身上，人家也会跟你翻脸。刘备事后不计较，还低声下气地找台阶下，那是领导有度量，不跟你一般见识。可就凭庞统这性子，这说话水平，靠得住吗？

在职场上，庞统这样的人也不少。一种属于杠精，总喜欢跟别人对着说，对着干，以此显摆自己卓尔不凡、高人一等。另一种属于大嘴，如赵本山在小品中的台词，像"棉裤腰似的"，说话没有顾忌、随心所欲。这两种人擅长把天聊死，擅长让人集体扫兴，擅长制造尴尬氛围，当然也擅长拉仇恨。年轻人如果养成这个毛病，也就基本上宣告职业生涯报废了。

建议大家在说话之前要过脑子，伤人的话尽量不说，拿不准的话尽量少说，可别为了图嘴上一时痛快，伤了人，结了怨，自己还浑然不知，将来死无葬身之地。

其三，要有敬畏之心，把手头工作做好。论才华，给庞统安排个县长的职位，确实有点儿大材小用。但话说回来，岗位都是暂时的，先把手头工作做好才是王道。你连个县长都干不好，就想直接进高层？年轻人心高气傲、眼过于顶的太多了，我也见多了。端茶送水瞧不上，日常运转嫌枯燥，改个稿子怕麻烦，整天就想一步登天。

年轻人不要怕坐冷板凳，既然暂时走不了，就耐住性子先把工作厘清楚，尽可能达到岗位最高水准，一方面自己不至于荒废，另一方面也为脱颖而出打下基础。那些一边恃才放浪，拈轻怕重，一边指望工作单位突然开眼，委以重任的，还是省省吧。白日梦可以做，几年下来，你就彻底退出比赛了。

与人为善，才能走得更长远

春秋战国的500余年中，齐国一直很强大，一方面是地缘优势，背靠大海，三面环水，安全指数很高，节省了大量防卫投资；另一方面是占据盐、铁等重要战略资源，人口众多，富得流油。

特别是齐国到了田氏政权第六代领导人——齐湣王（姓田，名地）统治时期，齐国把楚国打得跪地求饶，强行吞并宋国，干预韩国立储，致使燕国几乎灭国。三晋闻风丧胆，对齐国俯首帖耳。更厉害的是，齐国组织多国联军攻破函谷关，把秦国按在地上打，让"西北狼"两次割地求和。齐王自立为"东帝"，出尽了风头。

可谁能想到，短短几年时间，形势急转直下，昔日霸主成了众矢之的。举国沦陷，齐湣王出逃，最后被抽筋扒皮，挂在房梁上哀号了一夜，活活疼死了。

回顾齐国衰败的这段历史，固然有大局势的原因，但齐湣王骄横跋扈、暴躁短视等自身缺陷也不容忽视。特别是到了后期，齐湣王简直是"金句"频出，一句句硬生生把自己玩死了。

公元前284年，燕、秦、韩、赵、魏组成五国联军，由燕国军事奇才乐毅挂帅伐齐，一路势如破竹。齐湣王慌忙派上将田触率齐军20余万主力抗敌。考虑到连年征战，士卒疲惫，田触采取守势，在济水以西驻扎，以逸待劳，等候战机。

齐湣王坐在深宫，整日被一帮小人围着拍马屁，自以为齐军所向披靡，这次也能轻松取胜。眼看田触按兵不动，火气马上上来了，派人传了狠话："田触，你磨蹭啥呢？是不是偷懒怕死？再不出击，就杀你全家，刨你祖坟！"

田触可不是一般人，当年带兵灭宋，立下了汗马功劳。论资历、能力、威望，他是齐国上下首屈一指的。这样的忠臣良将，你竟然说骂就骂，连灭族、刨祖坟这样恶毒的话都说出来了。田触不由得心灰意冷、怨念叠生。他命令部队全线出击，刚要冲锋时又鸣金收兵，齐军闻声溃败。田触自行驾车离去，不知所终。

不得已，副将田达接过了军权。眼看部队损失惨重，士兵怨声载道，田达出于忠心向齐湣王建议："王上，要不给士兵发点儿慰问金，鼓舞一下士气？"齐湣王金句又来了："你们这帮废物，还有脸要慰问金？"齐湣王这个态度，谁还愿意给他卖命？

齐军彻底溃败，国都临淄沦陷，齐潜王被迫仓皇逃亡。

按理说，这么惨痛的教训，他该长点儿记性了吧？不，齐潜王到死都在摆谱，抖威风。

齐潜王逃亡的第一站是卫国（今天的河南濮阳附近）。卫国君主特别仁义。他心想，齐国可是大国啊，大国国君落难，咱们不能亏待。于是把自家宫殿让出来给齐潜王，自称臣子，还亲自伺候对方吃饭，简直谦恭到地上了。

齐潜王呢，则心安理得地享受了全部服务，丝毫看不出谦虚和感恩，反而一脸真诚地询问下属："我这样（优秀）的国君，怎么还能混到如此地步（逃亡）呢？"下属们都是精挑细选的马屁精，赶忙吹捧："完全是因为您太贤明了啊！其他国家的国君都是不人道的人，看您太纯洁、太高尚，这才合起伙来对付您啊。"齐潜王一听，浑身舒畅，金句又出来了："还是你们了解我啊。你看我来卫国住的这几天，吃嘛嘛香，又胖了很多！"齐潜王毫不反省，蹬鼻子上脸，行为更加嚣张，卫国君臣忍无可忍，抓紧时间把瘟神送走了。

下一站，齐潜王到了鲁国，还没入境呢，先派手下去问人家："我王是天子（东帝），你们准备怎么招待？"鲁国人老老实实地说："我们准备杀十头牛来招待你们。"按照周礼，诸侯祭祀采用少牢（猪羊），天子祭祀采用太牢（猪牛羊三牲齐备），宰杀十头牛已经很给齐湣王面子了。

但齐湣王一点儿也不知足，反而得寸进尺，要求仿照卫国的招待标准，让鲁国国君腾出宫室给他住，亲自搬桌子、擦椅子，远远地站着伺候他吃饭。鲁国人鼻子都气歪了。你就是一条丧家犬，还摆什么谱？从哪儿来回哪儿去，我们不伺候了！

齐国逃亡团吃了闭门羹，尴尬地继续逃亡，随后到了邹国。

不巧，邹国的国君刚刚去世，举国上下正在吊丧。齐湣王又开始犯浑，对邹国人颐指气使道："我是天子，理应坐北朝南，你们赶紧把棺材掉个头，把南边给我让出来。"邹人一听，怒火中烧：我们的国君刚刚去世，你就来大闹灵堂，折腾我们也就算了，还要动国君的棺材，你算老几？蹭饭还蹭出优越感了？那时候的人都很含蓄，讲究礼数，再气不过也不好意思撕破脸，只好强压怒火，软中带硬地说："别逼我们啊，不然我们干脆拔剑自杀算了。"潜台词就是：你们还是赶紧走吧。

逃亡团又被赶了出来，硬着头皮到了莒地（现在的山东省日照市莒县）才安顿下来。

这时，齐军已经几乎全军覆没，无奈之下，齐湣王只好求助于老冤家楚国。楚王正惦记着报仇雪恨呢，满口答应，然后派淖齿率数万精兵入齐，把齐湣王控制了起来。已经被别人握在手心里的齐湣王，竟然还不知收敛，对淖齿呼来喝去，动辄说粗话，使性子，严词催促楚军帮自己收复失地。只要是楚国人，都忘不了当年的切肤之仇，估计淖齿看齐王就像是看傻瓜，死到临头还嘴硬。

淖齿当面质问："齐国天降血雨，把人的衣服都弄湿了，你知道吗？"

齐湣王不屑一顾，拖着长腔："不——知——道。"

淖齿又问："大地裂缝，涌出汩汩泉水，你知道吗？"

"不——知——道。"

淖齿最后问："宫门口总听到有人哭，却找不到人的影子，你知道吗？"

"不——知——道。"

齐湣王能不知道这几句话是什么意思吗？但他还是傲气冲天，故意回避问题。在他看来，自己仍然是呼风唤雨的君主，声名赫赫的"东帝"。你是什么级别的官，有资格问我话？

淖齿勃然大怒："天降异象都是为了警示你，既然你不知悔改，那就不要怪我狠毒了。"

淖齿直接派人把齐湣王扒皮抽筋，吊到房梁上，关门就走了。可怜齐湣王当年南征西讨，最后痛不欲生，哀号不止，受尽整整一晚上的人间极苦才咽气。

不作死就不会死。

济西决战，双方兵力相当，齐国占据主场优势，虽然士气稍弱，但如果上下一心，众志成城，胜算是很大的。就算一时失利，也不至于兵败如山倒，被人连下七十余城，举国沦陷。

坏就坏在齐湣王这张嘴，大敌当前，不仅不犒赏三军，激励士气，反而用恶毒的言语贬损主帅，对全军将士横加辱骂。这样的部队怎么可能有战斗力呢？军心溃散，国破家亡，一点儿都不意外。

乱说一时爽，一生都遭殃，绝不是空话！

齐湣王在逃亡途中，各国都有接纳他政治避难的善意，卫、鲁、邹都讲礼仪，重情义。虽然你惶惶如丧家之犬，但都拿出诚意尊重你，招待你。齐湣王哪怕稍微谦虚客气一点儿，也能躲过风头，东山再起。

可他仍然骄横自大，把别人的善意当作理所应当，白白浪费了求生的机会，最后只能逃到穷乡僻壤。孤立无援之下，才有了引狼入室，反受其害的悲剧。

即便是最后关头，楚国出兵，挟持齐湣王，目的也只是占地图财，没有杀人害命的必要。但凡齐湣王低调一点儿，说话客气一点儿，面对杀气腾腾的质问，稍微低一低头，也不至于激怒淖齿，最后被抽筋扒皮。死到临头还不知悔改，说的不就是这种人吗？

不少年轻人都觉得维护人际关系好麻烦啊，整天说话也小心，做事也小心，累不累？

其实，情商是关系到生存和发展的。

如果说话得体，很多问题就能迎刃而解，有时候甚至可以逢凶化吉。说话生硬跋扈，不经意的小事也可能引发纠纷，甚至酿成血案。比如同样是买份外卖，送迟一点儿也很常见，你可以退单，但有必要对外卖员冷嘲热讽，甚至恶语相向吗？

说到这里，说话到底该怎么练？技巧固然很多，但在这里我只想强调一点：言由心生，善意才是关键。

现实中我见过太多总是讲臭话的人，最喜欢说"我没有恶意啊""我不是故意的""我性格比较直啊"……这些话无非都是在为自己辩解。当他逞口舌之快，出口伤人的时候，怎么想不到这些呢？他们明知自己这样说不妥当，不礼貌，可能会对别人造成伤害，却仍然放任自己，不愿改正。这种人要么骄傲自满，不把别人放在眼里；要么优越感泛滥，动不动就占据制高点；要么欺软怕硬，看准对方不好意思，不敢顶撞，就恣意妄为。

说到底，就是自私。心中只有自己，不管他人的感受；享受别人的善意，自己却不愿意分享；自以为高高在上，却无形之中把别人踩在脚下。这样的人，难道不自私吗？

所以，我给大家最关键的一条建议，就是心怀善意地对待他人，对待世界。就算素昧平生，但相视一笑，几乎无成本，对别人或许就是无价之宝。这样的人不仅会少去一些烦恼，而且也能走得更稳，更远。

能力很强为什么得不到提拔

战国时期出了很多强人，其中吴起堪称战国第一强人。吴起本来是卫国人，家里很有钱，一门心思想当官，花钱到处打点，最后全部打了水漂。老家的人指指点点让他恼羞成怒，杀了很多人。他逃跑前还跟他娘说，不当上大官，绝不回来！

用今天的话说，吴起是个大野心家。

吴起到了鲁国，正赶上齐国来攻打鲁国，鲁国就想派吴起带兵迎战。但是，吴起的老婆是齐国人，枕边风一吹，临阵倒戈怎么办？吴起立功心切，居然抄起家伙把老婆杀了，这才如愿带兵大破齐军。为了个人名利，拿老婆的人头当投名状，简直是禽兽。

鲁国人看他是个混世魔王，敢用不敢留，打完仗就让他靠边站了。无奈之下，吴起又跳槽到了魏国，为魏文侯攻城掠地，无往不胜，打得秦、齐等强国满地找牙。吴起不光会打仗，还精通政道，儒法并用，担任西河郡首任郡守，政治清明，家给人足，一派兴盛景象。

没几年，魏文侯去世了，儿子魏武侯即位，打算拜田文（此田文非孟尝君田文）为相。吴起听到消息，十分不服气，直接找田文当面理论。这才有了我们今天重点要讲的这段对话，堪称千古官场终极之问。

吴起根本不跟田文客气，上来就气哼哼地说："老田，听说你要被提拔了，我不服，敢不敢比一比？"

田文："好啊，大兄弟。"

吴起："统帅三军，激励士兵舍生忘死，让敌国吓破胆，你行还是我行？"

田文："你行。"

吴起："管理下属，征收赋税，强国富民，你行还是我行？"

田文："你行。"

吴起："守卫西河边界，坐镇一方，让秦国人不敢往东进犯，韩、赵两家像弟弟一样乖巧，你行还是我行？"

田文："你行。"

吴起一拍桌子："那凭什么提拔你，不提拔我？"

田文摇摇头，缓缓道："新国君年轻又刚上台，国家局势还不明朗，同僚们意见不一，老百姓也人心惶惶，这个时候，你行还是我行？"

吴起半天没缓过劲来，只好说："你行。"

概括一下，吴起想不通的事情其实就是一句话："我样样能力比你强，为什么不提拔我？"有没有一种熟悉的感觉？今天的职场里，有这种心态的人恐怕不在少数。

田文的答复，非常有意思，读懂了也就找到了真相。其实，田文的答复包含几层重要意思。

其一，"主少国疑"。老国君刚离世，新国君年纪轻轻上台，最怕什么？一个"逆"字。下属能力太强，难免有遮挡风头、犯上作乱的危险。如果你掌权，新国君完全任凭你摆布，这家谁来当？你是老虎不假，换了驯兽员，必然要把你圈起来，什么时候能制得住你了，什么时候再考虑放你出来。

其二，"大臣未附"。很多管理层意见不同，大家都在观望。这时候，用错一个人，很可能会伤一批人的心，引发职场危机。

其三，"百姓不信"。国家处在变动期，干部群众最怕翻烧饼，最需要的是什么？一个"稳"字。我是老资历，世代在魏国当干部，熟悉情况，各方面认可度高。提拔我，就代表一个稳定预期。就算要用你，等后面局势稳定了，再考虑不迟。你确实能力强，但现在国家哪有工夫打仗？

当然，还有一条，田文没好意思讲，但都藏在话里。

按理说，吴起到魏国也好多年了，战功赫赫，能文能武，伺候两代国君都没问题，也算是老资历了。为什么他就不行呢？事情还要追溯到最初，吴起刚刚投奔魏国。魏文侯也不能随便用人啊，要对他做背景调查，就专门跟下属李克商量。李克说："这个吴起啊，贪财好色，是个小人，但要论用兵，当年齐国名将司马穰苴也比不过他啊。"这番对话后，魏文侯任命吴起为将军，充分利用他的军事和治理才能，却始终没有完全信任他。

这就叫"可用不可信"，或许魏文侯临近咽气时，对人员提拔都是经过研究后给儿子安排好的呢。国君如此评价吴起，怎么可能让他担任重要职务？

我在职场十几年，发现活生生的"吴起"还真不少。

有的人稍微有点儿成绩就翘尾巴，开始幻想"火箭提拔"[①]，一旦不遂意就心灰意冷，满腹牢骚；有的人只知道，也只会做手头那点儿业务，和人相处的能力接近空白，经常踩了别人的脚还觉得自己委屈；有的人极端功利，为了博取眼前一点点利益和莫须有的机会，就敢东踩西踏，不惜与人结成死仇；还有

---

① 本意是指快速提拔，后用来讽刺那些违规破格提拔的现象。

的人，为了提拔不惜破坏规矩。这样的人，能力或许还过得去，工作表现也未必很糟糕，但到关键时刻你敢用吗？

如果你有志于长线发展，工作只是微小的一部分，能力也不是决定前途的全部。

还要学什么？

学观察，要看别人在做什么，看大局势、大机遇在哪里。

学做人，要迂回向前，尽可能减少阻力，不要轻易伤人树敌。

学沟通，广结善缘，营造好口碑。

学应变，人难免都会犯错，都会遇到危机，关键是如何化解。

时刻记住，世上没有不透风的墙

据《战国策》记载，齐国和魏国相约一起去攻打楚国，魏国把卿大夫董庆送到齐国作为人质。

谁知楚国竟然先跑来打齐国，齐国大败，魏国却没有来帮忙。

齐王很生气，转而想要攻击魏国。

一看齐国要拼命，魏国自知理亏，吓得不轻，赶忙找到当时齐王信赖的淳于髡疏通关系，送上玉璧两双，彩车两辆。

面对"围猎"，淳于髡欣欣然收下贿赂，进宫见齐王："楚国才是咱们的死对头，魏国好歹还是咱们的盟友。现在要打魏国，让人看着窝里斗不太好，说不定楚国还要趁火打劫。要不咱们就忍忍得了。"

齐王向来听劝，感觉这话有道理，强压着怒火收兵了。

俗话说，没有不透风的墙。淳于髡收人钱财，帮敌国当说客的事，很快传开了。

齐王听了很生气，但本着对齐国负责的态度，也出于一贯对淳于髡的尊重，亲自找他谈话，要求他说明情况。

这事搁在一般人身上，早就腿软了。淳于髡反而振振有词："王上你想啊，如果找魏国干架有好处，魏国就算再仇恨我，对您也没啥帮助（该打的仗还是要打）。如果您真的认识到伐魏的害处，魏国就算给我送点礼，对您也没害处呀（不打仗了，对双方都有利）。"

听起来像是绕口令，但淳于髡的混蛋逻辑已经出来了——这钱不收白不收，收了对国家也没造成损失，我还有功劳呢。

淳于髡——你看这个"髡"字，说明自己或家族的人有过犯罪记录，受过刑事处罚。史书上记载，淳于髡个子矮小，相貌丑陋，实在没有出路才当了上门女婿。后来，纯靠一张嘴能说，得到了上司的赏识，这才翻了身。

按照现在的一般认识，淳于髡见钱眼开，轻易被围猎者"拿下"，或许与他的穷出身有关系。活了大半辈子，哪见过这么土豪的老板送礼，光豪车一次就送了两辆？

可问题是，受贿和为敌国当说客是板上钉钉的事实，即使心向国家，也不能把事实抹消。

就拿攻打魏国来说，齐国确实带有报复的性质，感情上比较冲动，容易给敌人钻空子。可别忘了，是魏国背信弃义在先，让齐国遭受了重大损失。叛徒不受到惩罚，今后谁还愿意当好人？堂堂大齐，还有脸在圈子里混吗？

就算你认为打魏国有害处，也不用收人钱财才张嘴吧？早干吗去了？合着不给钱，你就不吭声，国家利益受损活该呗？你收谁的钱都好说，单单收敌国的钱，按现在的说法这叫叛国投敌，里外串通，是典型的打着红旗反红旗。

就这种见财起意、无耻至极的奸佞小人，居然还振振有词，以为自己对国家有多大贡献，让国家避免了多大灾祸，你说可笑不可笑？

看看社会上，这种奇葩思维、腐败逻辑，不仅没有绝迹，反而被发扬光大了。你看多少腐败行业的既得利益者，不仅不认为自己雁过拔毛收黑钱有悖于道德与法律，反而理直气壮，沾沾自喜，说什么制度不合理啊，环境很糟糕啊，生态被破坏啊，总之不是他的错。

还有人煞有介事论证，收点小钱办了大事很划算，要不然怎么调动人们的积极性呢？

更有人掩耳盗铃，说："工程给谁做不是做？这钱我不收自然也有人收，我不像有些人狮子大开口，我只收一点点而已，还能把质量抓好，对社会利益不仅没有损失，反而有利呢。"

职场年轻人，从淳于髡的身上应该吸取什么教训？

其一，世上没有不透风的墙。淳于髡自以为收黑钱瞒天过海，实际上，完全是自欺欺人。一个上门女婿穷光蛋，一夜之间坐拥香车宝马，其中的蹊跷还用问吗？这事曝光了，要是赶上脾气暴躁的领导，马上就扒了他的皮，还给他瞎说的机会？

你收了别人的钱，你倒是想低调，别人恰恰相反，他要想方设法利用你，对外吹牛皮，找你办各种事情，怎么可能低调？

围猎围猎，给你送钱的人，都是喂给你鱼饵的人，别以为这么容易就摆脱操控。

其二，别做两面人。很多人自以为聪明，当面一套，背后一套。人前说得天花乱坠，好像是千年难遇的忠臣；背地里收黑钱，办私事，把职权当成自家摇钱树。这种人台前表态还特别卖力，特别有效果，经常欺骗了别人，也欺骗了自己。

其三，恶人是经常能得逞的。比如这个故事中的淳于髡，明明收了巨额贿赂，犯了里通外国的大罪，结果却靠三寸不烂之舌，成功把上司忽悠了，最后毫发无损。简直太不公平了吧？其实，社会之所以复杂，道德观念之所以脆弱，种种丑恶现象之所以难以绝迹，就是因为魔道始终存在。魔道引诱你，靠的就是侥幸，就是让你眼馋的现实利益。

如果你心态不平衡了，羡慕嫉妒恨了，在下次选择时，你就很容易堕入旁门，恰好中了圈套。

真心建议年轻人，初入职场最好抱有强烈的道德观念——有道德底线，才能够防范风险。正道虽然很笨，却相对安全；邪道虽然很爽，却容易翻车。尤其在你初入职场、缺乏风险防范能力时，更应老老实实走正道。至于将来，那就看你的修养和悟性了。

"人走茶凉"，如果人又回来了呢

孟尝君田文，是齐威王的亲孙子。

虽然没机会继承大位，但靠着父亲田婴积攒下的家业，再加上自己有一点儿头脑，身居齐国相位，威名赫赫，被江湖人尊为战国四公子之一。

能力强了，位子高了，难免就要骄傲，和上司的关系就不好处理了。历史上记载，田文至少有两次离开齐国。

第一次还算是个交流锻炼的机会。在秦国工作一段时间，后来发现水土不服，难以获得秦王完全的信任，想尽办法才逃过追杀，"鸡鸣狗盗"的典故就来源于此。

第二次就很被动了。齐湣王上台以后，感觉田文太强势，遇事擅作主张，也不懂得请示报告，外界都只知道薛公（田文的封地在薛），不知道齐王。这还了得？马上准备动手，吓得田文赶紧逃了。

田文跑到魏国去，深受魏王器重，直接拜为相国。新鲜劲儿过了，魏王开始给他脸色看，田文只好回到封地薛邑，最后死在家里。

这样算来，田文是两出两进。

就在这起伏的过程中，史书记载了一次很有意思的对话。具体时间不清楚，但大概背景就是，田文丢掉了齐国相位，到国外混了一段时间。

俗话说，人走茶凉。田文不当一把手了，下面这些人也就不把他当回事儿了。

原来整天喊着口号，轮番吹捧，只要田文一说话，那必然是无数赞同、支持的声音跟上来，现在说话都能听到回音了，没人回应一句话。

更不用说，那些原来就心里有意见的，现在开始大鸣大放了；那些原来心里没意见，但换了靠山的，为了纳投名状，也开始否定田文当年的各项成绩，话说得要多难听就有多难听。

你说，田文能不恨得牙痒痒吗？这次王者归来，有仇报仇，有冤报冤，这帮忘恩负义的人一个也别想跑！

车队刚刚行驶到齐国边境，有个叫谭拾子的人接驾欢迎。考虑到谭拾子的一贯表现还可以，田文还是勉强见了。

谭拾子问："现在齐国这帮人，您有没有特别嫉恨的？"

田文点点头。

又问："是不是把他们都干掉，您就开心了？"

老田点点头。

谭拾子叹了口气："我有个想法给您汇报一下。世界上最不可避免的事情，就是死亡。还有个事情跟死亡一样永恒，那就是人的趋炎附势。这就好比赶集，早上人声鼎沸，热闹得一塌糊涂；到了下半晌，冷冷清清，只剩下瓜皮、菜叶、垃圾袋。

"这是因为人们对集市本身喜欢或者不喜欢吗？不是啊，是因为上午集市上有人们需要的东西，下午散场了，还来浪费时间干啥呢？"

田文若有所思，点点头，回去就把记着500个仇人的黑名单毁掉了。

当然，我们相信谭拾子不是一个人在战斗，更大的可能是，听到田文要回来了，齐国这些人吓得屁滚尿流，推选了谭拾子来当说客，保全各自的身家性命。

不得不说，齐国还是有人才的，这个谭拾子不含糊。看起来是平平淡淡的三言两语，从沟通表达的角度来看，很值得玩味。

其一，时机选得好。说服别人，要恰如其时。等田文到了临淄，大位一坐，不安全感随之而来，杀气还要张狂十倍。到时候别人再说什么，估计他都很难听进去了。赶在跨越边境这个时间，既能显示热情和忠诚，博取田文的好感，还能提前把药送进去，从而避免事态恶化。这个操作肯定是深思熟虑过的。

其二，方法很讨巧。上来单刀直入，问你是不是有仇人？你是不是要拿他们开刀？马上切入主题，非常符合田文的状态。你打太极，他可能直接用你脖子磨刀了。

后面也是，先讲生死大课题，其实暗含就是一句话："你我皆肉胎，早晚都有那一天，凡事不为已甚嘛。"又借用赶集卖货举例子，生动形象，很有说服力。

其三，话里有玄机。大家不要小看"赶集"这个例子，表面上是说，大家趋炎附势很正常，人走茶凉也很正常，您别往心里去。实际上，还有更深层次的含义："您田文，如今又处在朝阳初升，早上的大集刚开始人潮涌动的时候，大家肯定会积极支持您，配合您，把您回国以后这台戏唱好。大家都是混口饭吃，只要您对大家好，何愁大家不支持您呢？您又何苦无缘无故记仇，把自己搞得众叛亲离呢？"

说到底，说服的关键，还是要站在对方的角度去考虑问题，动之以情、晓之以理。

这段故事对今天的职场也有很多启发。

从管理者的角度来说，特别需要读懂这个赶集的例子。我常说，职场的本质，就是大家想努力以后有所收获。同事、上下级关系的和谐顺畅，前提一定是在分配上公平——各取所需，互不冲突。管理者最主要的任务就是保证公平——当然没有绝对的公平，但是一定要追求尽可能的公平，尽可能调动每个人的积极性，维护公平竞争的秩序，解决因为插队、抢夺而引起的冲突矛盾问题。

大家为什么尊重你、吹捧你，因为你一个脸色就惶恐不安或者欣然自喜？这可不是谈情说爱，大家对你更没有什么私人感情，归根到底是因为你手里有资源。人家尊敬的是你这个位子，而不是你这个人。

想明白这一点，个人的进退荣辱，也就不会那么在意了。在位子上，也不要太张狂。退下来了，也不要不适应。"不见五陵豪杰墓，无花无酒锄作田！"

从年轻人的角度来说，恐怕就是要多学一点儿生存智慧了。

管理者应该有点儿数，可实际上，还是没数的多啊。坐上那个椅子，是人都得张狂三分，时间越长，受腐蚀越严重，到最后必然是把无限吹捧的话当作理所应当，沉浸在无限强大的自我梦幻中难以自拔。

这是人性的弱点。自古屠龙者，化身为龙的，屈指可数。

那么，出身草根的年轻人该如何自保呢？

第一，保持警惕，时而反躬自省，尤其不要年纪轻轻就沾染一身世俗的习气，热衷于跑关系，大搞小聪明。这样搞下去，出问题是迟早的事情，到时候谁都可能全身而退，只有你，爹不管，娘不爱，身败名裂，悔之晚矣！

第二，对上司要把握好"亲""清"二字。

先说"亲"字，面子上肯定要过得去，不要搞什么阿谀奉承，但要让他感觉到你的尊重。

再说"清"字，不要混淆你与上司的关系。你们是关系不对等的合作伙伴，而不是什么人身依附关系。要始终抓住关键，谁在位子上，就尊重、服从谁，就算他赏识、提拔过你，工作以外你愿意怎么跟他交往都可以，但工作中不能乱了规矩，搞错角色。

第三，要准确把握上司的特点，把握灵活度。

为什么不要撒谎

范雎是战国时的秦国谋士，是一位逆袭的传奇人物。但今天，先讲个他吃瘪的惨痛教训。

范雎是魏国人，在本国遭到迫害，跳槽加逃难到了秦国，受到秦昭王赏识，居一人之下、万人之上。在他的众多封地中，有一块地位于韩国汝南（今河南驻马店附近）。手还没捂热乎，又让韩国人出兵夺回去了。

肉吃到嘴里，又吐出来，这种感觉肯定非常不爽。秦昭王出于善意，对范雎当面进行了慰问："范雎，韩国那帮人，居然把寡人给你的封地夺走了，你还好吗？"

范雎面不改色，微微一笑："报告王上，多大点事儿？！俺们老家有个人，生了个儿子，整天跟宝贝似的。结果有一天，儿子得病死了。大家都以为他接受不了，肯定要寻死觅活呢。结果他跟没事人一样，吃喝不耽误，谈笑风生！大家都很奇怪，就去问他。他说，我当初没儿子，不也挺快乐吗？现在儿子死了，不过是回到了当初，有啥想不开的？"

看到范雎这个表态，秦昭王叹为观止，果然是个胸怀宽广（没心没肺）的人啊。

秦昭王还是不太放心，过了几天，又派了一个叫蒙骜的将军，到范雎家里继续了解情况。

蒙骜虽然是个武将，却很有谋略，一脸义愤加悲愤："哎呀，范雎，我都不想活了。我身为大秦的武将，居然让韩国这帮人硬生生把您的封地抢走了。我真是该死啊！"

范雎看到蒙骜哭天抹泪，满脸真诚，以为对方真的要替自己报仇呢，一时没把持住，就把实话说出来了："哎呀，大兄弟，谁肉疼谁知道啊！给哥报仇，全靠你了啊！"

蒙骜这家伙，回去就给秦昭王报告了。史书上也没说秦昭王啥表情，有没有骂脏话，就记了一句："从那以后，范雎再提到关于韩国的建议，秦昭王就完全不信了，认为他肯定不是为了国家利益，而是要公报私仇。"

这其实就是一个装清高遭殃的故事。

自古以来，大小管理者都会讲"德才兼备""以德为先"，啥用意？其实就是要找聪明的老实人。老实人不聪明，顶多做事慢一点儿、拖沓一点儿、效果差一点儿，但不会危害全局。可如果聪明人不老实，后果就很可怕了，不仅工作上靠不住，还很可能在关键时刻"捅刀子"，让管理者死无葬身之地。

范雎是典型的聪明人不老实，在自我包装、邀宠卖乖方面，毫不手软。

封地被夺，那是真金白银的损失，搁谁身上都不好受。不主动提这茬儿是你有修养，可秦昭王都当面问你了，说句实话咋就这么难？非要装腔作势，把自己包装成不食人间烟火的样子，才能显出你的本事？

你要真不在乎也行，明明心疼得哇哇叫，却还嘴硬，结果被秦昭王戳破，把最重要的"互信"搞坏了。你还有好果子吃吗？要赶上疑心重、脾气暴的管理者，麻烦就更大了。何苦呢？

另外，从沟通表达的角度，范雎的这番应对也实现了精准"踩雷"。

第一条，态度错位。同事关心慰问你，你该是啥态度？要谦恭，要给同事表达善意的机会。同事主动把姿态放低了，结果给你点儿阳光就灿烂，呼的一声站起来，爬到房顶上唱高调。同事尴尬不尴尬？合着你是圣贤，不食人间烟火，上司小家子气，你都不往心里去的事，人家上赶着兴师动众来慰问你？

第二条，比喻不当。你爱唱高调咱不拦着，最起码说人话吧？结果现场发挥，临时编了个死儿子不心疼的故事，让人听了简直毛骨悚然，匪夷所思。君臣之间，最讲究人伦孝道，因为有情有义、重视家庭的人，工作表现也不会错，最起码忠诚度可以保证。如果人性沦丧，人伦不彰，那是畜生，谁敢用你？

第三条，进退失据。既然唱了高调，在上司那里拍胸脯了，那就索性一条道走到黑。结果他又轻易被人套路，把真实想法和盘托出。就算蒙骜不是秦昭王派来的，你轻易授人以柄，人家也肯定马上去告密了，你这可是欺君之罪啊。

在今天的职场中，像范雎一样犯傻的年轻人，可不在少数。

有的人，家里天大的困难都不说，父母生病弥留，孩子无人照顾，都憋在肚子里，上司问起来，满嘴都是高调表态。结果自己家里的关系搞得很糟糕，夫妻反目甚至离婚，孩子成了问题少年，也未见得职场发展就有多好。

媒体一宣传，这种人肯定是先进典型，可实际上，大家怎么看你？崇拜之余，会不会觉得你有点儿可怕？工作上牺牲奉献固然值得赞誉，可真的抽不出一点儿时间兼顾家庭？地球离了你，真的就不转了？父母最后一面，真就脱不开身去送送？

讲人性，才有德性。人性不存，啥性都是假冒伪劣。

还有人，出于功利心，到处巧舌如簧、讨巧卖乖，对上司也是报喜不报忧，工作中的疏忽和问题百般遮掩，稍有点儿成绩就无限放大。人际关系方面，以搬弄是非为能，动不动给这个人

"下眼药"，给那个人"挖坑"，捕风捉影、添油加醋，别人哭了他才笑。

这种人或许能一时糊弄上司，但是外表看起来风光无限，迟早会被打回原形——你对付人如此毒辣，说谎话如此随意，上司怎么敢完全信任你？

一个谎言，往往需要一千个谎言去弥补。步步惊心，越走越难，最后终究是纸包不住火。更关键的是，一个谎言对信任的损伤，往往是不可逆的。就算你再能干，再有才华，平时表现再突出，一个拙劣的谎言也会让一切成为泡影。上司几乎不可能重建对你的信任了。

有的年轻人有一种错觉，天知地知，我知你不知，上司那么忙，哪有时间琢磨这些细节，打个马虎眼没什么。

大错特错。一方面，上司都是过来人，虽然不戳破你，但不代表他看不见。另一方面，就算上司没时间琢磨细节，也有蒙骜这样的聪明人，随时在帮忙盯着。

你骗得了一时，骗得了一世？

所以，还是建议年轻人，尽量不要说谎。这不是什么道德说教，而是在变幻莫测的职场中，普通人自保的最可靠武器。

老实人未必会超车，但最起码不会轻易翻车。

别人夸你，也不要得意忘形

魏国经过魏文侯、魏武侯的治理，打下了坚实的基业，江山传到魏惠王手上时，已是异常鼎盛，兵强马壮、威名远扬。

以公叔痤为统帅的魏国大军，独家对抗韩赵联军，以少胜多，轻松活捉赵将乐祚。

魏惠王大喜，对公叔痤大加赞赏，亲自到郊外迎接大军凯旋，当场表示要给公叔痤奖励田产财资累计百万之巨。

按理说，立功受奖，天经地义，这也没什么好客气的，上司给啥咱就接着呗！公叔痤也不知道是真傻，还是装傻，一副诚惶诚恐的样子，扭头就跑，几步开外才回过身来，跪地就拜："大王，这可使不得！训练精兵、严明军纪，让士兵勇往直前、誓死不退的，是当年吴起打下的好底子，我可达不到这个水平；提前侦察复杂地形，做好各种应急处置预案，让三军将士心里有底，这是巴宁、爨襄两位的功劳；赏罚明确，取信于民，激励大家建功立业的，是大王您的法度。

"这些都是部队取胜的关键，但跟我一点关系都没有。非要说我有一点点的功劳呢，大概就是我的右手吧。见了敌人我就敲战鼓，咚咚咚发信号，兄弟们冲啊！从头到尾，我也就干了这点儿事，您干吗小题大做奖励我呢？要说奖励，我确实也没啥像样的功劳啊。"

魏王一听，很意外，也很高兴，说了声"善"，马上下令寻找吴起后代，追赐田产合计20万，刚才提到的巴宁、爨襄每人10万。事后，魏王感慨道："公叔痤真是个好管理者，为寡人战之必胜，还不忘先贤的功德，又不隐瞒手下人的贡献，怎么能让老实人吃亏呢？之前赏赐百万还不够，再加40万！"

对比古往今来各种功勋名臣，功高盖主，不知收敛，最后鸟尽弓藏，死无葬身之地的悲惨下场，公叔痤真的不知高到哪里去了。仔细品品，公叔痤给魏王讲的这段话，堪称经典。

其一，先夸前辈，收揽军心。吴起这个人带兵非常有一套，身先士卒，同甘共苦，让手下这帮人死心塌地卖命。公叔痤这番话，表面上是说给魏王听，实际上是说给三军将士听的。收人要收心，那些怀念、敬重吴起的士卒，听到这番话必然会信服公叔痤。

其二，再夸中层，激励下属。中层干部很关键，如果中层能力不强，或者阳奉阴违，任凭你一把手扯破嗓子，工作也推不下去。这一仗打完了，把巴宁、爨襄两个副将拿来树标杆，在一把手面前夸奖，恐怕会把这俩人感动得一把鼻涕一把泪，其他副手和中层干部也会感到有盼头，干活就会格外卖力，公叔痤的工作也就好开展了。

其三，又夸领导，表示忠心。将在外，君命有所不受。道理是这么个道理，但领导也是真害怕啊。你带着几十万人马出去，万一有点儿想法，谁能治得了你？我这江山还坐不坐了？之所以鸟尽弓藏，过河拆桥，无非就是一个"怕"字。好啊，既然知道上司您不信任我，我就把话说到位了，解除您的戒心和恐慌。打仗虽然您没参与，但是全靠您赏罚分明，王法森严。成绩的取得，全靠以您为核心的英明领导啊！

其四，后夸自己，以退为进。要完全否定自己呢，既不符合事实，也让人感觉太假。公叔痤耍了一招以退为进，反正我也没做啥工作，也就是敲个鼓、发个令，动动手的事而已。您要表扬我，我还真是排不上号呢。这话的实际效果，其实还是强调了自己居中指挥、运筹帷幄的功劳。领导又不笨，一听还不明白吗？最后的结果，大家都看到了，公叔痤打了胜仗，收了军心，表了忠心，消了戒心，最后还大赚一笔140万的田产财富，妥妥的人生赢家！